基于视觉显著性的图像分割

刘占文 著

西安电子科技大学出版社

内 容 简 介

多示例学习与图割优化是近年来计算机视觉领域广受关注的研究方向。本书系统地论述了多示例学习与图割的基本理论、算法及其在交通视频图像识别中的应用。全书共6章，第一、二章供初学者学习，论述了目标显著性检测方法、基于图论的图像分割方法与多示例学习方法的研究现状，以及图像显著特征的基本定义与相似性度量的常用处理方法。第三、四章论述了显著性目标分割方法的基本原理及具体算法的实现步骤。第五章论述了基于多示例与图割优化的图像分割方法在实际交通视频图像识别中的应用 。第六章为结论与展望。

本书适合计算机视觉、图像处理、模式识别等研究方向的读者及开发工程师参考学习。

图书在版编目(CIP)数据

基于视觉显著性的图像分割/刘占文著.
—西安：西安电子科技大学出版社，2019.3(2019.8重印)
ISBN 978-7-5606-5096-8
Ⅰ.①基…　Ⅱ.①刘…　Ⅲ.①计算机视觉—检测—图像分割
Ⅳ.①TP391.41　②TN911.73

中国版本图书馆CIP数据核字(2018)第213562号

策　　划　刘玉芳
责任编辑　刘玉芳　毛红兵
出版发行　西安电子科技大学出版社(西安市太白南路2号)
电　　话　(029)88242885　88201467　　邮　　编　710071
网　　址　www.xduph.com　　电子邮箱　xdupfxb001@163.com
经　　销　新华书店
印刷单位　北京虎彩文化传播有限公司
版　　次　2019年3月第1版　2019年8月第2次印刷
开　　本　787毫米×960毫米　1/16　印张9
字　　数　124千字
定　　价　30.00元
ISBN 978-7-5606-5096-8/TP
XDUP 5398001-2

前　言

图像目标分割是计算机视觉领域的一个重要研究方向，同时也是视觉检测、跟踪与识别等应用的重要基础，其分割质量的好坏在很大程度上影响着整个视觉系统的性能。然而由于缺乏对人类视觉系统的深层认识，图像分割同时也成为了计算机视觉领域的一个经典难题。人类视觉系统能够有选择地注意所观察场景的主要内容，而忽略其他次要内容，视觉的这种选择性注意机制使得高效的信息处理成为可能，同时也启发了计算机视觉的研究者们从注意机制的角度另辟蹊径，因此具有人类视觉特性的图像分割模型将成为图像分割领域一个新的研究热点。

本书主要围绕图像的显著性检测与基于图论的图像分割方法展开研究。针对传统的显著性检测算法所定义的模型缺乏学习能力，以及对显著度的计算不能很好地反映视觉注意机制等问题，提出了一种基于多示例学习的显著性检测算法；并将显著性检测结果应用到基于图割的图像分割算法中，作为图割算法的输入，将图像的显著度引入图割框架，提出了一种基于图割优化的显著目标分割方法，解决了基于图论的图像分割方法计算复杂度高与边界分割不准确的问题。目的是让读者在交通视频图像处理研究领域快速入门，以解决交通视频基本视觉问题为出发点，激发读者对交通视频图像研究的兴趣，为更加深入的学习打好基础，并为解决实际应用问题提供研究思路。

我们依托陕西省道路交通智能检测与装备工程技术研究中心、“多源异构交通信息智能检测与融合技术”教育部科技创新团队、高等学校创新引智计划“车路信息感知与智能交通系统创新引智基地”，致力于车路环境感知的嵌入式图像处理与交通视频分析，搭建了多个省市地区交通视频大数据分析平台，并在多示例学习、图割理论、目标分割与跟踪方法，以及智能交通系统中的应用与实现等方面取得了良好的研究成果，本书即是我们在目标分割领域研究工作的初步总结。

本书的完成离不开团队研究生的支持与帮助。特此对王润民博士、沈超博士，徐江、樊星、连心雨、李强、张凡等研究生表示感谢。同时，本书的编写也得到了国家自然科学基金(61703054，51278058)、装备预研教育部联合基金(6141A02022322)、陕西省重点研发计划工业领域项目(2018ZDXM－GY－044)、长安大学中央高校基本科研业务费高新技术研究培育项目(300102248202)等科研项目的支持，特此感谢。

著　者

2018年9月于长安大学

目　　录

第一章　绪　　论

1.1　研究背景与意义

图像显著性是图像中重要的视觉特征，体现了人类视觉对图像显著区域的重视程度。图像显著性检测是图像重要视觉特征的提取过程，一般以显著度图[1]的形式表示，它既是视觉注意机制在计算机视觉研究中的主要体现形式，同时对于提高目标识别效率和质量具有极其重要的作用。图像显著性目标分割是按照一定的相似性准则将图像分成各具特性的有意义区域或对象，从而在复杂的背景中把图像特征较为显著的区域或感兴趣的目标对象分离出来的过程。图像显著性检测的结果往往标示了显著目标可能出现的大致位置，使得后续的操作能够有针对性地将处理重点放在显著性区域。因此，将图像显著性检测的结果用于指导图像分割，将资源优先分配给感兴趣的区域，对于解决大尺度图像分割与图像实时分割问题，降低计算量并提高计算机对信息处理的效率等都具有极为重要的研究意义和应用价值。

图像显著性目标分割在图像处理、分析、理解中具有举足轻重的作用，它是最底层图像处理与中间层的图像分析及识别之间的一个关键步骤，其分割质量的优劣、区域界限定位的精度直接影响后续的区域描述以及图像的分析和理解。图像分割方法的研究一直是计算机视觉领域的热点问题，在众多研究领域都有非常广泛的应用，包括智能交通检测、生物特征识别、农业环境监测、军事卫星遥感及医学病理影像分析等。例如，在智能交通领域，从静态复杂交通场景图像或动态交通监控视频序列中分割车辆及车牌，其结果用来识别车型、车牌[2]或目标跟踪[3]；在生物特征识别领域，首先对生物图像进行分割，从而进一步进行人脸、指纹以及虹膜识别等[4]；在农业环境监测领域，通过图像分割来监测户外农作物的生长状况[5]，及时调整农作物的种植方案，减少经济损失等；在卫星遥感领域，对合成孔径雷达(Synthetic Aperture Radar，SAR)图像的感兴趣区域进行自动提取，可以分析水系、植被、土地、道路、建筑、城市地貌及作物生长状况等[6]，以及多光谱和超光谱遥感的分割分类[7]等；在工业监控中，通过对精密零件表面的材质纹理进行分割，从而进一步检测零件缺陷[8]；在医学病理影像分析中，医学图像分割是对正常组织和病变组织进行定量分析、区域提取及三维重建等工作的基础。例如对核磁共振图像(Magnetic Resollance Imaging，MRI)进行偏差场纠正和组织分割[9]，以及对X射线断层扫描(Computer Tomography，CT)图像进行病理提取[10]，这些医学图像的分割结果对进一步的计算机辅助诊断、三维重建以及医学图像配准等后续处理都具有重要作用。总之，在各类图像处理应用领域中，都需要通过图像分割来提取特定的、感兴趣的图像目标，以便于进一步分析与识别。

图像分割是图像处理和计算机视觉中一个经典的基本问题，是许多计算机视觉问题不可或缺的步骤，分割输出的质量在很大程度上影响整个视觉系统的性能。在过去几十年，国内外研究学者对图像分割方法进行了深入而广泛的研究，发展到现在已经形成了一个庞大的图像分割方法体系[11]，因此，对图像分割方法的分类从不同的角度具有多种划分途径。从信息学的角度依据图像信息种类不同而分类，大致分为基于区域信息的图像分割方法、基于边缘信息的图像分割方法、结合边缘与区域信息的图像分割方法；从统计学的角度依据图像特征不同而分类，分为基于特征空间的图像分割方法、基于阈值的图像分割方法与基于聚类的图像分割方法；从数学理论的角度依据采用的数学工具不同而分类，分为结合小波与数学形态学的图像分割方法、基于人工神经网络的图像分割方法、基于能量函数优化的图像分割方法以及基于图论的图像分割方法等；依据分割过程中是否有人工参与而分类，分为自动的图像分割方法和交互式图像分割方法；还有一些其他的图像分割方法，例如基于物理模型的分割方法、基于无监督学习的分割方法和基于有监督学习的分割方法等。

前述的图像分割技术中，有一些分割技术成功地将图像元素映射到图中进行分割以获取感兴趣区域，例如基于图论的图像分割方法与基于能量函数优化的图像分割方法。基于图论的图像分割技术在近30年引起了学者们的广泛关注，成为图像分割领域一个较新的研究热点。其主要思想是将图像映射成加权图，将图像像素看做图的顶点，邻接像素之间的关系看做图的边，邻接像素之间的相似性看做边的权值，根据边的权值设计能量函数或图的分割准则，通过最小化能量函数或图割优化完成对图的分割，从而实现图像分割。将传统意义上的图像分割问题转变为图论中的图割最优化问题，图割最优化问题本质上就是对图的顶点分簇进行最优划分。来自图论的有效工具在离散空间中解决了分割问题。在一幅图上指定分割的好处是由于纯粹的组合操作可能不需要离散化，因此不会产生离散化的错误。

本文的研究重点是图像显著性目标分割的问题，对目前图像目标显著性检测方法、基于图论的图像分割方法、图割优化算法以及图像分割质量的评价方法等都进行了深入的总结、分析和研究，提出了一种基于多示例学习的目标显著性检测算法，将显著性检测的结果用于基于图论的图像分割方法中指导图像分割，对图割模型框架等诸多环节进行了优化；采用凝聚层次聚类算法作为图割优化的求解方法，使得分割结果能更好地符合语义感知的输出；深入研究了五种目前公认的著名图像分割评价指标，以Achanta等人建立的数据库以及Berkeley图像分割数据库的图像为实验对象；对本文算法与其他基于图论的分割方法的分割质量进行了对比分析，选用PRI、VI、GCE、P－R－F指数等评价指标对算法进行定量评价，验证了本文算法的有效性。

本文同时受到高等学校学科创新引智计划项目“车-路信息感知与智能交通系统创新引智基地”（“111计划”基地编号：B14103）、国家物联网重大示范工程专题研究项目“集成一体化车载通用感知终端设备的研发”(项目编号：2012-364—812-105)和国家自然科学基金项目“车联网环境下融合多源交通信息的车辆行为辨识与安全预警方法”(项目编号：51278058)的资助，针对基于机器视觉的图像目标分割关键技术进行研究。

1.2 国内外研究现状综述

1.2.1 目标显著性检测方法

本文主要关注的是从计算机视觉角度出发的显著性检测，主要分为自底向上和自顶向下的方法。前者由数据驱动，独立于具体任务；后者受意识支配，依赖于具体任务。下面分别介绍这两种方法近些年的研究现状和发展趋势。

1. 自底向上的显著性检测方法

自底向上的显著性检测方法从低层的视觉特征出发，通过颜色、纹理、亮度、尺度等信息的对比度计算，确定出每个视觉单元(像素/区域)的显著性大小。根据计算过程中所采用的支撑信息范围的不同，此类方法又分为局部显著性检测和全局显著性检测。

对于局部显著性检测的方法，每个视觉单元的对比度由待考察单元和周围局部邻域单元的差异来决定。Koch 和 Ullman 最早于 1985 年提出显著度的概念，并研究了视觉系统在观察场景图像时，注意力从一个位置到另外一个位置的转移[12]。其基本思想是基于颜色、边界方向图等基本特征，用 Winner-Take-All 的方法确定出每个像素和周围邻域的差异度，然后将此差异度作为显著度大小的描述，最后再根据显著度的大小和像素相似度进行注意力的转移建模。受此工作的启发，Itti 等人于 1998 年提出了基于多尺度融合的显著性检测方法[1]。在一系列不同尺度上的中心-邻域比较下，将基于不同特征信息所获得的显著度图线性融合起来并进行归一化。在此项工作发表之后，显著性检测如同雨后春笋般发展起来，各种不同的技术也层出不穷。Achanta 等人在显著性检测时更注重体现图像中的高频信息，这使得显著度图中的边缘得到了很好的保护，前景-背景的区分度也更加明显[13]。同时，实验中所建立的包含 1000 幅图像和手工标注显著性结果的数据库，成为显著性检测中最有影响力的标准数据库之一。在后续工作中，Achanta 等人将显著物体的尺寸与其在图像中所处的位置结合起来，通过在中心-邻域显著性滤波时变化带宽以适应不同大小的可能目标[14]。Harel 和 Koch 提出了一种基于图的显著性算法[15]。在提取激励图的基础上，将其归一化为统一的显著度图。Walther 等人将 Itti 的显著性检测模型同层级式的物体识别系统结合起来，用于识别图像中的物体[16]，其原理符合生物视觉机理，实验结果取得了很大的提高。Frintrop 等人将积分图像用于特征计算过程，从而提高了显著性检测的速度，使得该系统可以实时工作[17]。

对于全局显著性检测的方法，其基本思想是建立在整个图像统计特性的基础上。Wang 和 Li 提出一个两步法则来检测显著性[18]。首先，通过引入自动通道选择和决策反馈来扩展剩余频谱模型，然后根据格式塔原则补充显著性区域[19]。Zhang 等人在自然图像统计特性的先验条件下，通过贝叶斯推理和图像底层特征来进行显著性检测[20]。Cheng 等人根据图像中统计直方图的出现频率和像素在图像中所处的位置来判定显著度与否，并将此结果用于后续的图像语义分割[21]。Zhai 和 Shah 用时间维和空间维信息从视频的角度检测显著性[22]。时间维信息主要包含相邻帧之间的运动关系，空间维信息主要包含帧内颜色直方图信息。

2. 自顶向下的显著性检测方法

自顶向下的显著性检测方法一般都是基于统计学习的方法，即根据训练数据学习判定模型后，在测试数据上进行验证。Liu 等人结合多尺度对比度、中心-邻域直方图、颜色分布等特征，用条件随机场(Conditional Random Field，CRF)学习显著度检测模型，并将此模型推广到视频显著性的检测[23]，其构建的图像和视频数据库是此研究领域最早的测试数据库。Hou 和 Zhang 在对大量自然图像进行统计的基础上发现，显著区域所对应的傅里叶变换的频谱对应于对数频谱曲线上的奇异点，据此可以实现对显著区域的高效检测[24]。Judd 等人建立了一个人眼追踪的数据库，此数据库包含 15 个被试者在 1003 幅图像上的视觉注意点轨迹记录[25]。基于此数据库，结合低层、中层、高层图像特征，用 SVM 分类器进一步学习视觉关注点的位置。

除了上述两种类型的显著性检测方法外，还有很多研究者致力于从不同的角度去定义显著性。Chang 等人将一组图像中共同出现的目标物体定义为协同显著性(Co-saliency)[26]。Goferman 等人对显著性的定义则从上下文的角度出发，其检测的显著目标不仅包含显著物体，还包含支撑其定义的背景[27]。Wang 等人通过将当前待考察图像与一系列同类图像比较，得出一个外在显著性的定义方式，其体现的是图像区域与其他图像中类似部位的差异大小[28]。

1.2.2 基于图论的图像分割方法

在众多的图像分割方法中，基于图论的分割方法在实际应用中具有一些很好的特性。它将图像像素明确地组织为合理的数学结构，使分割问题能够公式化表述，更加灵活，计算效率更高。Wu 等人在 1990 年提出，将图的顶点关系作为一种代价函数的数学表述方法来分割图像[29]。从那以后，大量的研究转移到对图的优化技术的研究上。众所周知，图像分割中的困难之一是其本身所固有的病态性质。由于可能会有对图内容的多种解释，对于一个给定图像的分割很难找到唯一的正确答案。这表明，为了精确地提取出感兴趣的目标，图像分割应该包含中、高层次的信息。20 世纪 90 年代末，一个先进的图像技术出现在使用特定模型相关的线索与上下文信息的组合中，较为有影响力的代表是 S/T 的曲线图切割算法[30]。它的技术框架与一些按照离散方式的变分方法是密切联系的。到目前为止，S/T 的图割和它的变体已经用于解决许多计算机视觉问题，最终作为这些领域中的优化工具。

本文对基于图论的图像分割方法进行了系统性的研究，一般是将图分成若干个子图，每一个子图都表示图像中一个感兴趣的对象。当采用统一的表述时，这些方法大致分为五类：(1) 基于最小生成树的方法；(2) 基于代价函数的图割方法；(3) 基于马尔可夫随机场模型的图割方法；(4) 基于最短路径的方法；(5) 不属于上述任何一类的其他方法。

下面详细描述每一类的具体公式与实现方法，分别讨论了每一类中具有影响力的几种代表性方法的优缺点。尽管将这些方法分成5类，但这5类方法经常一起使用，它们之间的区别主要在于如何定义分割方法所要求的分割质量和使用不同的图特性来实现分割。

1. 基于最小支撑树的方法

最小支撑树(也称为最短路径树)是图理论中一个重要的概念。一幅图 $G=(V, E)$的支撑树 T 是一棵树 $T=(V, E')$，这里 E'包含于 E 中。一幅图可能有几个不同的支撑树，最小支撑树是所有支撑树中具有最小权值的那个支撑树。计算最小支撑树的算法在文献[31-33]中有详细描述，例如，在 Prim 算法中，最小支撑树由迭代地添加最小边权值的前边而构成，该算法是一种贪婪算法，运行时间呈多项式倍数[33]。早期的基于最小支撑树的图像分割方法大多基于最小支撑树与聚类结构之间的内部关系[34]，该最小支撑树是由所有支撑树中具有最小权值和的边集构成的，因此保证了顶点之间的连接都满足彼此最大相似性，且所有的顶点在不同类之间跨越最小间隔。现实图像中的复杂场景经常在感知上具有非统一密度的有意义的类，因此更应该考虑类间的相异性和类内的相似性。有研究者用最小支撑树来层次地划分图像，该方法基于相似像素分在一起且不相似像素分离的原则，来获得不同尺度下的分割图像[35]。通过切割最小支撑树中权值最高的边，得到由相似性最小的相邻子图组成的分割图。在文献[35]中，提出了一些基于最小支撑树的改进算法，例如递归最小支撑树算法。在每一次迭代中，通过分割一个子图来完成一次分割，因此，算法最后能得到一个已知子图数的分割图。显然，这种形式的算法效率较低。文献[36]提出采用一种快速递归最小支撑树算法来加速文献[35]中的算法。文献[37]提出一种基于自适应阈值的最小支撑树算法，该算法充分利用两个子图间的相异性和子图内的相似性，分割的过程伴随着区域的合并，并且分割结果满足全局属性。与使用常数 K 来设定阈值的单连接聚类相比，自适应阈值是可变的，且根据集合的大小定义。区域的合并准则如式(1.1)：

$$|e_t| < \min\left(\text{Int}(C_1) + \frac{K}{|C_1|},\ \text{Int}(C_2) + \frac{K}{|C_2|}\right) \tag{1.1}$$

式中，K 是一个常量，$|C_1|$ 和 $|C_2|$ 分别是集合 C_1 和 C_2 的大小，$\text{Int}(C)$ 是 C 的最小支撑树中最大的边权值，$|e_t|$ 是连接集合 C_1 与 C_2 的最小权值边。式(1.1)表明算法对平滑区域的边是敏感的，反之，对高变化区域的边是不敏感的。

由上述讨论可知，以无向权值图作为分割对象，最小支撑树的算法明确定义了聚类的架构，利用亮度、颜色或位置等底层特征来表达像素并很好地实现聚类分割。因此，该类算法经常用于其他高级应用的初级处理[38, 39]。最小支撑树通常通过削减最高边的权值来形成分割图，对树的进一步切割可得到新的分割图，说明最小支撑树分割方法是一种层次分割，在不损失类特性的条件下可将任何过度分割转化为高级分割。

2. 基于代价函数的图割方法

1) 最小割方法

割的概念早期经常被用于网络流的研究中。1990 年初，Wu 和 Leahy 在文献[40]中首次提出使用基于代价函数的图割方法进行图像分割，也称为最小割方法。与最小生成树方法类似，基于代价函数的图割也是建立在具有明确定义的边权值图上的一种概念。相比于上述方法，考虑到图的特性，文献[40]提出一种基于代价函数的通用框架来优化图的分割，针对不同的应用，根据明确定义的分割目标来设计不同的代价函数。文献[40]给出一个明确有意义的图的分割：最小化图割框架将图分割成若干子图并使不同子图之间的割最小，以保证不同子图间的最大相异性，如式(1.2)所示：

$$\text{minCut}(\boldsymbol{A}, \boldsymbol{B}) = \sum_{u \in A,\ v \in B} w(u, v) \tag{1.2}$$

其中，$\text{minCut}(\boldsymbol{A}, \boldsymbol{B})$ 表示子图 A 与子图 B 的最小割，$w(u, v)$ 表示子图 A 与 B 内部所有顶点之间的边的权值和。根据文献[41]Ford-Fulkerson 的网

络流理论体系提出的最大流最小割算法，即最大流等于最小割的容量，可以有效地求解二部图(二分图)最小割。但在文献[40]中，作者研究了一种更通用的 K 分图的情况，这种 K 分图的定义采用了文献[42]中多端网络流理论的思想，得到最小割即获取 K 个顶点集合之间的最大流。最小割的分割方法存在一定的缺陷，根据式(1.2)可以看出，该方法只考虑两个子图之间的割最小，就会趋向于寻找边数较小的割，而单个顶点或小簇顶点集与其补图之间的边数往往最少，因此，偏向于分离出孤立点或者小簇顶点集，如图 1.1 所示。

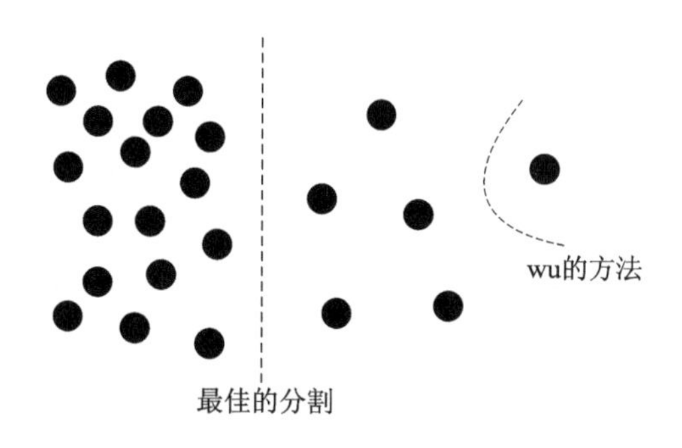

图 1.1 最小割的分割方法缺陷

2) 归一化割方法

为了避免出现图 1.1 所述的情况，同时又考虑到能够将每个顶点集合控制在合理的范围内，学者们开始研究这个问题，相继提出了多种归一化目标代价函数分割框架。其中一个比较著名的代价函数是由 Shi 和 Malik 提出的归一化割(Normalized cut，Ncut)分割准则[43]，还将 Ncut 方法分为 2 分 Ncut 与 K 分 Ncut。该方法的图割不仅与子图之间的顶点的边权值相关，还取决于任一子图与其补图之间的顶点的边权值和。2 分 Ncut 方法的公式原理如下：

$$\begin{aligned}\mathrm{Ncut}(\boldsymbol{A},\boldsymbol{B}) &= \frac{\mathrm{cut}(\boldsymbol{A},\boldsymbol{B})}{\mathrm{assoc}(\boldsymbol{A},\boldsymbol{V})}+\frac{\mathrm{cut}(\boldsymbol{A},\boldsymbol{B})}{\mathrm{assoc}(\boldsymbol{A},\boldsymbol{V})}\\ &= \frac{\sum\limits_{x_i>0,\ x_j<0}-w_{ij}u_iu_j}{\sum\limits_{x_i>0}d_i}+\frac{\sum\limits_{x_i<0,\ x_j>0}-w_{ij}u_iu_j}{\sum\limits_{x_i<0}d_i}\end{aligned} \tag{1.3}$$

其中，$\boldsymbol{V}$ 为顶点集，$\text{assoc}(\boldsymbol{A}, \boldsymbol{V}) = \sum_{x_i \in A, x_j \in V} w(x_i, x_j) = \sum_{x_i > 0} d_i$，$\sum_{x_i > 0} d_i$ 表示子图 $\boldsymbol{A}$ 与其补图之间的顶点的边权值之和，同理 $\text{assoc}(\boldsymbol{A}, \boldsymbol{V})$ 与此类似。$U = \{U_1, U_2, \cdots, U_i, \cdots, U_N\}$ 是一个指示向量，若 $x_i \in \boldsymbol{A}$，则 $U_i = 1$；若 $x_i \in \boldsymbol{B}$，则 $U_i = -1$。$d_i = \sum_j w(x_i, x_j)$ 表示顶点 x_i 与其余所有顶点的权值和，令 $\boldsymbol{D}$ 为 N 维对角矩阵，其对角线上元素 $d_i = \sum_j w(x_i, x_j)$；$\boldsymbol{I}$ 为 $N \times 1$ 维矩阵，其元素都为 1；$\boldsymbol{X}$ 为 $N \times 1$ 维矩阵，其元素为 x_i；$k = \frac{\sum_{x_i > 0} d_i}{\sum_i d_i}$，令 $b = \frac{k}{1-k}$，则 $y = (\boldsymbol{I} + \boldsymbol{X}) - b(\boldsymbol{I} - \boldsymbol{X})$。根据矩阵论中瑞利商的理论，求解式(1.3)的最小化问题就转化为一个求解广义特征系统的问题[44]。

$$\begin{aligned} \text{minNcut}(\boldsymbol{A}, \boldsymbol{B}) &= \frac{[(\boldsymbol{I} + \boldsymbol{x}) - b(\boldsymbol{I} - \boldsymbol{x})]^{\mathrm{T}} (\boldsymbol{D} - \boldsymbol{W}) [(\boldsymbol{I} + \boldsymbol{x}) - b(\boldsymbol{I} - \boldsymbol{x})]}{b \boldsymbol{I}^{\mathrm{T}} \boldsymbol{D} \boldsymbol{I}} \\ &= \text{arg. min}_y \frac{\boldsymbol{y}^{\mathrm{T}} (\boldsymbol{D} - \boldsymbol{W}) \boldsymbol{y}}{\boldsymbol{y}^{\mathrm{T}} \boldsymbol{D} \boldsymbol{y}} \end{aligned} \tag{1.4}$$

如式(1.4)所示的广义特征系统，$(\boldsymbol{D} - \boldsymbol{W})\boldsymbol{y} = \lambda \boldsymbol{D} \boldsymbol{y}$，当 λ 为 $\boldsymbol{D} - \boldsymbol{W}$ 相对于 $\boldsymbol{W}$ 的次小广义特征值时，所对应的特征向量 $\boldsymbol{y}$ 为式(1.4)求解的最小图割优化值。采用特征值进行图分割的思想可追溯至 20 世纪 70 年代，次小特征值又被称做 Fielder 值，Fielder 最早在文献[45]中提出使用次小特征值来分割图。Shi 和 Malik 提出的 K 分图法是由 2 分图的关系表达式演变而来的，如式(1.5)所示：

$$\begin{aligned} \text{Ncut}(\boldsymbol{A}, \boldsymbol{B}) = &\frac{\text{cut}(\boldsymbol{A}_1, \boldsymbol{V} - \boldsymbol{A}_1)}{\text{assoc}(\boldsymbol{A}, \boldsymbol{V})} + \frac{\text{cut}(\boldsymbol{A}_2, \boldsymbol{V} - \boldsymbol{A}_2)}{\text{assoc}(\boldsymbol{A}_2, \boldsymbol{V})} \\ &+ \cdots + \frac{\text{cut}(\boldsymbol{A}_k, \boldsymbol{V} - \boldsymbol{A}_k)}{\text{assoc}(\boldsymbol{A}_k, \boldsymbol{V})} \end{aligned} \tag{1.5}$$

对于上式的求解，同二分法类似，将其转化为求解特征系统 $(\boldsymbol{D} - \boldsymbol{W})\boldsymbol{y} = \lambda \boldsymbol{D} \boldsymbol{y}$ 的特征值和与其相对应的特征向量，然后利用 K-means 算法或者其他聚类算法对上一步骤中的特征向量进行聚类。也可以先用聚类算法将原始图像分为 n 块，然后一次合并 2 块，遵照最小化 K-way Ncut

算法准则来进行反复合并，直到将 n 块合并为 K 块。

图 1.2 给出一个 Ncut 的例子，图 1.2(b)是采用 Ncut 方法得到的分割结果，图 1.2(c)～ 图 1.2(i)分别是次小特征值至第七小特征值对应特征向量的图割结果。

(a) (b) (c) (d) (e) (f) (g) (h) (i)

图 1.2 Ncut 算法实例

由此可以看出，该方法避免了从图中分离孤立点，但容易出现分割不准确或计算复杂度非常高的现象，本文采用本节基于归一化割的框架体系，第四章与第五章将详细阐述如何改进这种图割准则公式并提出一种图割优化方法，以提高分割精度与计算速度。

3）平均分割准则(Average cut)

平均割集(简写为 Avcut)准则是由 Sarkar 和 Soundararajan 在 2000 年提出的[46]，区域 $\boldsymbol{A}$ 和 $\boldsymbol{B}$ 之间的平均割集目标函数 Avcut($\boldsymbol{A}$, $\boldsymbol{B}$)为

$$\text{Avcut}(\boldsymbol{A}, \boldsymbol{B}) = \frac{\text{cut}(\boldsymbol{A}, \boldsymbol{B})}{|\boldsymbol{A}|} + \frac{\text{cut}(\boldsymbol{A}, \boldsymbol{B})}{|\boldsymbol{B}|} \tag{1.6}$$

其中，最小化比例分割(Avcut)的目标函数表示子图 $\boldsymbol{A}$、$\boldsymbol{B}$ 间边界损失与分割区域相关性的比值之和，最小化该目标函数便可以得出好的分割结果。求解式(1.7)所表示的特征系统次小特征值对应的特征向量并进行阈值分割，便可以近似得出 Avcut($\boldsymbol{A}$, $\boldsymbol{B}$)的分割结果。

$$(\boldsymbol{D} - \boldsymbol{W})x = \lambda x \tag{1.7}$$

式中，$\boldsymbol{W}$ 表示图像像素点相连的边的权值，$\boldsymbol{D}$ 为度矩阵，表示顶点与其余点之间的相似性之和。在使用平均割集准则分割图像时，很难同时满足 cut($\boldsymbol{A}$, $\boldsymbol{B}$)/$|\boldsymbol{A}|$ 并且 cut($\boldsymbol{A}$, $\boldsymbol{B}$)/$|\boldsymbol{B}|$最小，使得分割图像倾向于欠分割，且容易出现分割的子集中只包含少数几个顶点的现象。

4）比例分割准则(Ratio cut)

比例割集准则(简写为 Rcut)是由 Hagen 和 Kahng 在 1992 年提出的[47]，区域 $\boldsymbol{A}$ 和 $\boldsymbol{B}$ 之间的比例割集目标函数 Rcut($\boldsymbol{A}$, $\boldsymbol{B}$)如下：

$$\text{Rcut}(\boldsymbol{A}, \boldsymbol{B}) = \frac{\sum_{i \in \boldsymbol{A},\, j \in \boldsymbol{B}} w_{ij}}{\min(|\boldsymbol{A}|, |\boldsymbol{B}|)} \tag{1.8}$$

其中，w_{ij} 表示顶点 i, j 之间的相似程度，$|\boldsymbol{A}|$、$|\boldsymbol{B}|$ 分别表示子图 $\boldsymbol{A}$、$\boldsymbol{B}$ 中顶点的数目。最小化比例分割的目标函数便可以得出好的分割结果。求解式(1.9)所表示的特征系统次小特征值对应的特征向量并进行阈值分割，便可以近似得出 Rcut($\boldsymbol{A}$, $\boldsymbol{B}$)的分割结果。

$$(\boldsymbol{D} - \boldsymbol{W})x = \lambda x \tag{1.9}$$

其中，$\boldsymbol{W}$ 表示图像像素点相连的边的权值，$\boldsymbol{D}$ 为度矩阵，表示顶点与其余点之间的相似性之和。比例割集准则 Rcut($\boldsymbol{A}$, $\boldsymbol{B}$)考虑满足类间相似性最小原则，通过衡量子集 A 的顶点数来测定类的大小，但是比例割集准则 Rcut($\boldsymbol{A}$, $\boldsymbol{B}$)忽略了子图内部相似性的定义，虽然减少了过分割，但是运行速度较慢。

5）最小最大分割准则(Minmax cut)

最小最大割集准则(简写为Mcut)是由Chris Ding和Zha在2001年提出的[48]，区域$\boldsymbol{A}$和$\boldsymbol{B}$之间的最小最大割集目标函数Mcut($\boldsymbol{A}$, $\boldsymbol{B}$)为

$$\mathrm{Mcut}(\boldsymbol{A},\boldsymbol{B})=\frac{\mathrm{cut}(\boldsymbol{A},\boldsymbol{B})}{\mathrm{assoc}(\boldsymbol{A},\boldsymbol{B})}+\frac{\mathrm{cut}(\boldsymbol{A},\boldsymbol{B})}{\mathrm{assoc}(\boldsymbol{A},\boldsymbol{B})} \tag{1.10}$$

最小最大分割(Mcut)准则的目标函数要求在最小化cut($\boldsymbol{A}$, $\boldsymbol{B}$)的同时，满足assoc($\boldsymbol{A}$, $\boldsymbol{A}$)、assoc($\boldsymbol{B}$, $\boldsymbol{B}$)最大化。最小化该目标函数便可以得出好的分割结果。求解下述特征系统次小特征值对应的特征向量并进行阈值分割，便可以近似得出Mcut($\boldsymbol{A}$, $\boldsymbol{B}$)的分割结果。

$$(\boldsymbol{D}-\boldsymbol{W})x=\left(\frac{\lambda}{1}+\lambda\right)\boldsymbol{D}\boldsymbol{x} \tag{1.11}$$

其中，$\boldsymbol{W}$表示图像像素点相连的边的权值，$\boldsymbol{D}$为度矩阵。最小最大分割准则既考虑了子图间的相似性，也考虑了子图内部相似性的定义，有效避免了过分割现象，然而该函数倾向产生平衡的割集，并且运行速度较慢。

3. 基于马尔科夫随机场模型的图割

1）二元与多元标记图割方法

基于马尔科夫随机场模型的图割建立在邻域系统之上，通过邻域像素以及其局部特征等一系列上下文信息来进行建模，形成关于邻域系统的马尔可夫随机场。在满足正定性的情况下，任何随机场的联合概率可以通过局部条件概率唯一确定[49]。通过MRF分布和吉布斯分布之间的等价性[50]，可以利用基团的局部信息来适当地表达马尔可夫随机场的联合概率，即能够利用建立在邻域像素之间马尔可夫随机场理论基于标记的依赖，以及吉布斯分布的基团形式来实现利用局部信息表达全局分布的目的。由于最小化能量函数与最大后验贝叶斯决策规则(MAP)的等效性，从而可以确定马尔可夫随机场的最优组态：$f*=\mathrm{argmin}_f E(f/d)$，式中$d$是节点像素的观测值，$f$称为一个随机组态，$E\langle f|d\rangle$是后验能量函数。这就是基于吉布斯分布的MAP-MRF结构的基本思想，可根据具体情况构造合适的能量函数，并将图像分割问题转化为对图节点系统进行类别标记的组合优化问题[51-53]。首先定义图像分割问题的能量函数如下：

$$E(f)=\sum_{i\in I}D_i(l_i)+\lambda\sum_{(i,j\in N)}V_{i,j}(l_i,l_j) \tag{1.12}$$

其中，i 表示图像中的像素点，I 表示所有像素点集合，l_i是图像中一个像素的标记，0 为背景，1 为前景，D_i 是局部性质的特征相似度；N 是包含 i、j 在内的所有邻域集，$V_{i,j}$是相互间潜在关系的图像边缘信息，λ 是非负平衡系数，此参数越大则分割结果的一致性越好，相反，参数越小则分割结果的局部细节可分性越强。

其次，类别标记的图割算法分为二元标记与多元标记，其中二元标记示例如图 1.3 所示。在加权图的图割模型中，每个普通节点对应于图像中的每个像素点，在图割模型的基础上都增加了两个顶点，分别用 s 和 t 来表示，称为终端顶点，其他所有的顶点都必须和这两个顶点相连形成边集合中的一部分。图中所有的边也分为两种：t-link 和 n-link，前者链接相邻像素点的边，后者链接普通顶点和两个终端顶点的边[54]。在加权图中，边的权重表示节点间的链接强度，从而可以表达出切割该边的代价。

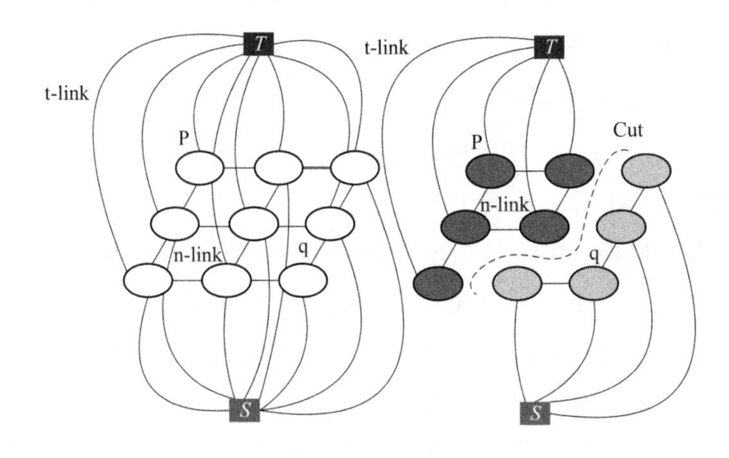

图 1.3　二元标记示例图

最优化能量函数的方法有很多，在二元标记图割算法中，其中通过加权图的映射和网络流理论的运用，将标号问题的全局最优化求解转化为对应加权图的最大流/最小割算法。较为典型的方法有两种，即增广路径的算法和推进-重标号(Push-Relabel)算法[56]，前者是通过不同的最小割/最大流算法的结合能得到全局最优化的最小割方法[55]，但这一算法的缺点在于求解最大流时计算复杂性依赖于边上权值的大小；后者是Goldberg和Tarjan提出的，通过沿着网络上的边往汇点推进，直到获得网络上的最大流。Relabel-to-front算法是在Push-relabel算法的基础上进一步提升了效率[57]。

上面所阐述的二元标记图割算法可以为能量函数找到其准确的最优解，然而在许多情况下，用于标记图节点的数目大于两个，这时将选择多元标记图割算法找到其次优解。boykov等人提出了α-expansion-move和$\alpha\beta$-swapmove算法[58]，它是把图像的区域信息和图像的边界信息有效地结合起来，其分割结果较好，且具有全局最优、鲁棒性强等优良特性；其不足是在于分辨率较低的图像具有很好的实时性，而对于分辨率较高的图像具有计算量大、延时长等缺点。

2）形状先验的图割

结合形状先验的图割也是图像分割中较为常用的方法，其主要原理是为了得到预定义的形状，可以通过采用多个形状先验模板来添加到区域内或者边界条件中来增强分割对象。在形状先验图割的发展中，Greg Slabaugh等人指出了一种结合椭圆形状先验信息的基于图割的图像分割，它将椭圆的形状信息融合在能量函数中，添加形状约束项，然后运用图割方法最小化能量函数[59]。而Olga Veksler提出一种融合星形形状先验信息的基于图割的图像分割方法，主要针对凸状物[60]。之后，Kolmogorov和Boykov用穿过割面的流量作为先验形状，用长度和流量代表边的权重，然后通过图割方法来得到分割结果[61，62]。Freedman等利用特定参数曲线的固定形状模板融合水平集函数的信息，基于图的边权值来表示图像和形状先验信息[63]。再之后，Das和Veksler提出了另一算法，该算法的形状被定义在邻域像素内，并利用能量函数的边界项来融合先验信息，其优点是鲁棒性强[64，65]。

3）交互式图割方法

交互式图割方法是在自动分割的基础上产生的，它要求用户在原始图像上标识出背景点和目标点，根据像素的灰度信息、空间位置信息、纹理信息等建立能量函数，运用最大流/最小割算法对能量函数进行优化，从而实现对像素点的重新标记，使得分割结果能够被有效地处理。在交互式图割的发展中，Boykov 和 Jolly 首次提出了灰度图像的交互式图像分割法(graph cuts)，虽然仅限于对灰度图像的分割，但在当时却是一个大胆的尝试和突破[66]。而对于改进的 graph cuts 算法，近几年也出现了一些研究文献[67,68]。在此基础上，Rother 提出了一种更加有效的迭代算法，即 Grabcut 算法，它以高斯混合模型统计颜色信息，来实现彩色图像的分割[69]。与此同时，Li 等人提出了一种快速图像分割方法 Lazy snapping[70]，它首先结合了图像的前景和背景信息，其次对预分割后得到的轮廓信息进行修正。Grabcut 和 Lazy snapping 这两种方法虽然各有优点，但是当目标和背景相近时，分割效果较差。在此基础上，Lempitsky[71]等人利用一个矩形框，在分割对象前加了一个拓扑结构来减少计算量，之后 Liu[72]等人还开发了更加先进的交互式图像分割工具"Paint Selection"，它是通过涂画的方式在图像前景上粗略的标记来进行分割的。

4) 基于最短路径的图割方法

最短路径问题是图论研究中的一个经典算法问题，在带权图中，两个结点之间的路径长度为路径各边权值的总和，而最短路径问题是找到 s 到 t 总边缘权值和最小的那条路径。在基于最短路径的方法中出现了许多经典的算法，其中最具有代表性的就是基于动态程序设计的 Dijkstra 算法[73,74]，其主要特点是以起始点为中心向外层层扩展，直到扩展到终点为止。而在当今的医学中，基于最短路径的方法也有其广泛的应用，例如 Livewire 利用动态规划的方法来搜索图像中两点的最优路径，从而实现对感兴趣目标的分割处理[75,76]。智能剪刀(Intelligent Scissor)通过指定物体边界上的两点来完成图像分割[77]。在近几年的发展中，Bai 等人在基于图像区域的基础上利用测地线距离(Geodesies distance)来计算路径的权值，并在不同的框架下研究图像分割[78]。之后随着 3D 图像的出现，研究者开始将最短路径问题扩展到三维空间[79]，随后 Grady 采用数学上 elegant 的方法通过分割的聚类属性来找到最小的表面[80]，很好地用于 3D 图像的分割。

5）其他图割方法

除了上述方法，关于图像分割的处理还有一些其他方法，比如Grady等提出的随机游走（Random walk）算法是目前研究和应用比较广泛的图像分割方法之一，其分割思想是通过用户指定的种子点与随机游走者从每个非种子点出发第一次游走到种子点的概率相比较，并以最大概率作为准则对各结点进行分类，从而实现图像分割[81-83]。Rewitt最早采用模糊集合理论在模糊推理的基础上来替代一般集合表示图像分割结果[84]。之后Chien等人提出了一种基于模糊颜色相似测度的彩色图像分割方法[85]。Pavan等人提出一种基于显著集的图像分割方法，它是基于权重图上最大基团的一般化，之后在演化博弈论的基础上提出了一些改进，从而在颜色、纹理、亮度等方面的图像分割中都产生了较好的效果[86, 87]。这一算法与其他的频谱图聚类算法相比，在聚类质量以及计算代价上都具有较好的竞争力。

1.2.3 多示例学习方法

多示例学习是一种基于非完全训练知识的学习方法，它是20世纪90年代中后期，研究者们在对药物活性预测的研究中提出的学习概念[88]。对于传统的监督学习算法，每一个训练样本/示例都含有一个已知（正/负）标记（label）；而对于多示例学习，训练的基本单元是含有标记的训练包（bag），每个包都含有若干没有标记的示例（instance）。若一个包中至少有一个示例的实际标记为正，则整个包的标记就为正；若一个包中所有示例的实际标记都为负，则整个包的标记就为负。通过对训练包的学习，希望整个系统尽可能对训练包外的其他测试包进行准确预测。

与监督学习相比，多示例学习中的训练示例是没有标记的，这与监督学习中所有训练示例都有标记不同；与非监督学习相比，多示例学习中训练包是有标记的，这与非监督学习的训练样本中没有任何标记也不同。更重要的是，在以往的各种学习框架中，一个样本就是一个示例，即样本和示例是一一对应关系；而在多示例学习中，一个样本（包）包含了多个示例，即样本和示例是一对多的对应关系。因此，多示例学习具有独特的性质，又因其对训练样本的标记信息需求较为宽松，在很多方面有广泛的应用前景。

Dietterich 等人在对药物活性进行预测的研究中，提出了 APR(Axis-Parallel Rectangles)算法，即在示例空间中寻找一个至少包含每个正例包中的示例，但不包含反例包中任何示例的超矩形[88]。随后，Maron 等人提出了多样性密度(Diverse Density，DD)算法，利用正例包和反例包的示例定义示例特征空间中每一点的多样性密度，寻找 DD 中最大的点作为实际的正例点[89]。如果包中至少有一个示例距离 DD 最大点较近，则该包为正例的概率就越大，反之如果包中所有示例距离 DD 最大点都远，则该包为反例的概率就越大。Zhang 和 Goldman 将 DD 算法与 EM 算法相结合提出了 EMDD 算法，其学习过程与 DD 有所不同[90]。Wang 等人将 k 近邻(K-Nearest Neighbor，KNN)算法移植到多示例学习中，采用 Hausdorff 距离来度量示例包之间的相似性，在此基础上，提出了 Bayesian-kNN 和 Citation-kN 两种算法[91, 92]。Zucker 和 Chevaleyre 改进了决策树算法 ID3 以及规则学习算法RIPPER 来解决多示例学习问题[93]。Zhou 和 Zhang 通过修改传统反向 BP 神经网络的误差函数来解决多示例学习问题[94]。Andrews 等人对 SVM 进行了改进，提出了可以用于多示例学习的 Bag-SVM[95]和 Ins-SVM[96]算法，其中 Bag-SVM 算法是基于包的 SVM，其本质思想是从包的角度进行分析，将标准 SVM(支持向量机算法)的最大化样本间距扩展为最大化样本集间距，通过寻找对包的最优分类超平面解决多示例学习问题；Ins-SVM 算法属于示例级的 SVM，从样本的角度出发，在标准 SVM 基础上加入了对包标签的约束。Bag-SVM 和 Ins-SVM 算法被提出后，各种 SVM 的改进版本相继被提出，如 AL-SVM[97]、AW-SVM[98]、ALP-SVM[99]与 DD-SVM[100]算法等。

1.3 本文的主要研究内容和章节安排

本文的研究重点是图像显著性目标分割问题，在分析与总结了现有的显著性检测方法、基于图论的图像分割方法以及多示例学习方法的基础上，针对目前显著性检测大多基于非监督模型，对特定种类的图像缺乏适应能力，鲁棒性差等不足，本文提出一种结合多示例学习的目标显著性检测方法，赋予显著性检测算法一定的学习能力，使其能自适应地根据训练图像的特点学习出适合特定种类图像的显著图计算模型；并在此基础上，详细阐述了改进的基于归一化割的图割理论框架以及凝聚层次聚类算法如何实现图的粗化与分解，提出了一种基于图割优化的显著目标分割算法；深入研究了五种目前公认的图像分割评价指标，以Achanta等人建立的数据库以及Berkeley图像分割数据库的图像为实验对象，对本文算法与其他基于图论的分割方法的分割质量进行了对比分析与定量评价；针对特定夜间高速公路道路图像，采用本文算法对夜间高速公路道路图像中的车辆目标进行分割，进一步验证本文算法对真实图像的分割效果。本文共分为6章，各章具体的研究内容如下：

第一章　绪论

概括介绍了图像显著性目标分割的研究背景和意义；分类综述了现有的目标显著性检测方法、基于图论的图像分割方法以及多示例学习方法的研究现状；最后给出本文的主要研究内容与章节安排。

第二章　图像显著特征与相似性度量分析

概括介绍了图像显著特征的定义及分类，依次描述了方向与尺度特征、位置特征、亮度特征、颜色特征、纹理特征等底层特征，以及词袋模型与轮廓特征等中高层语义特征，并例举了现有的特征提取方法；详细分析了图像特征之间的相似性计算模型，以及在图像处理中常用的相似性度量函数，并给出本文算法采用的特征与相似性模型。

第三章　基于多示例学习的图像目标显著性特征检测

针对目前显著性检测大多基于非监督模型，对特定种类的图像缺乏适应能力，不能很好地反映图像特点等不足，提出了一种基于多示例学习的图像目标显著性特征检测方法。首先，详细论述了本章算法中图像亮度梯度特征、色彩梯度特征、纹理梯度特征的检测方法，并将这些特征用于学习模型的建立；其次，深入研究了四种多示例学习方法，将多示例学习引入到图像显著性检测中，通过超分割方法将图像分割为若干区域并进行采样，每个区域作为一个包，区域内的采样点作为示例，根据训练图像的特征确定学习模型的参数，再对测试图像中的每个包与示例的标记进行预测，最终得到测试图像的显著度图。最后，将这四种基于多示例学习的显著性检测方法与目前比较流行的几种显著性检测方法进行显著性检测结果的对比分析与定量评价。

第四章　基于图割优化的显著性目标分割方法

在深入研究了标准的归一化割图像分割方法(NCUT)与基于归一化割的自适应图像层次分割方法(HASVS)的基础上，采用基于多示例学习的显著性检测结果指导基于图论的图像分割，依据示例特征矢量与示例包的标记对图割框架进行了优化，提出了一种基于图割优化的显著性目标分割方法。首先，概述了图的基本概念与算法的相关定义；其次，详细阐述了算法的具体实现步骤；最后，以图像库中的图像为测试图像，对算法进行实验与验证，并将基于图割优化的显著性目标分割方法与其他三种基于代价函数的图割方法的分割结果进行对比分析与定量评价。

第五章　基于多示例学习与图割优化的弱对比度车辆目标分割算法

对于夜间场景下的弱对比度车辆目标的分割，目前大部分车辆目标分割方法都难以获得令人满意的分割效果，主要原因是受到车灯与阴影遮挡的干扰影响。针对这一问题，本章深入研究了图像中车体、路面与车体阴影的底层视觉特征与中高层语义特征，提出了一种基于多示例学习与图割优化的弱对比度车辆目标分割算法。首先，简述了基于机器视觉的道路交通信息采集与检测系统平台；其次，以系统平台中线阵CCD摄像机采集的夜间高速公路道路图像数据作为实验对象，分析了图像中车辆目标、车辆阴影及路面的灰度特征与纹理特征，采用基于多示例学习与图割优化的目标分割算法对弱对比度车辆进行了目标分割；最后，将本章算法的分割结果与手动分割结果进行了对比分析与定量评价。

第六章　结论与展望

总结了本文的主要研究工作，并对下一步研究工作进行了展望。

第二章　图像显著特征与相似性度量分析

2.1　图像显著特征分析

具有视觉的生物会将视觉注意焦点快速并有选择地集中于图像中的某一区域，目标显著特征即从人的这种视觉认知角度分析图像特征。很多图像中存在着一些对人的视觉刺激较大的区域，这些早期对人的视觉造成影响的外界刺激就是视觉信息中的初级视觉特征，也称为目标的显著特征，该特征是实现图像目标显著性检测所必需的部分。

初级视觉特征具有繁杂性和多样性等特性。生理学及心理学研究者的实验验证得出，影响人的视觉的初级视觉特征主要包含方向、颜色、尺寸、曲率、深度、运动、量度、形状等[1, 12, 101, 102]，这些初级视觉特征能十分有效地描述图像的特征信息。在计算机视觉领域，人们通常将视觉信息转换为静态图像或动态影像信息，进而对目标显著特征进行处理，从而实现对图像或影像特征信息的提取[103]。

所谓图像特征，是将图像的视觉特征转化成数学描述形式，即通过具体的数学表达式来描述图像中的目标特征，以便更好地描述图像特征，进而实现后续的图像处理、模式分类和目标识别等。研究者提出了大量的特征表示形式来描述图像。从特征空间提取的层次划分，图像特征主要分为基于底层描述的特征、基于中层描述的特征与基于高层语义的特征[104]。底层描述特征直接对图像的颜色、纹理、形状、位置、尺度等属性进行描述。中层描述特征能够对图像空间结构进行建模，解决了底层特征与高层语义特征之间的对应问题，适用于较为复杂的图像理解和分类。高层语义特征是根据先验知识学习对图像区域赋予一定知识语义或外部信息源语义概念，以便从更高的角度指导图像感知与理解。从特征空间提取的空间范围划分，图像特征主要分为全局特征和局部特征[105]。全局特征描述了图像的整体视觉特征，并不针对图像中某一目标区域，通常以一个高维的特征向量作为其描述形式，主要反映图像在全局的整体统计信息，图像的颜色、纹理、形状是使用最广泛的三大全局特征。全局特征能够快速概括图像描述，提高特征提取速度，但其对图像中的高层语义理解得不够充分，很难通过单一全局特征获得完整的目标信息。局部特征是针对图像中某一像素或某一局部区域的结构、纹理等细节特征进行有效、准确的描述，当目标处于复杂的图像场景中，甚至存在遮挡或重叠的情况，局部特征依然能够利用感兴趣的局部区域信息构建特征向量，以保证感兴趣目标信息的有效获取。比较常用的局部特征有 Harris 算子、Shi-Tomasi 算法、SIFT、SUR 和 HOG 等[106-110]。无论从什么角度划分图像特征，在实际应用中不同特征的组合使用才能够实现优势互补，获得比使用单一局部特征更精确、高效的结果。

下面详细阐述图像目标显著性检测中常用的图像特征及其描述方法。

2.1.1 底层特征

1. 方向与尺度特征

当描述图像纹理特征或基于梯度的一些图像特征时，方向与尺度特征是一个必需考虑的因素。尤其是采用图像与滤波器阵列卷积后得到滤波响应获取图像的纹理特征向量时，不同的滤波器阵列具有各自不同的方向、尺度及个数的滤波器集合，如图 2.1 所示的 L－M 滤波器阵列。

L－M 滤波器阵列是由 Leung 和 Mailk 于 2001 年提出的[111]。这个滤波器阵列使用了 48 个滤波器，包括 4 个尺度 Gauss 滤波器、8 个尺度 LOG 滤波器、6 个方向 3 个尺度的 Gauss 一阶偏导滤波器(edge 滤波器)，以及 6 个方向 3 个尺度的 Gauss 二阶偏导滤波器(bar 滤波器)，其中 6 个

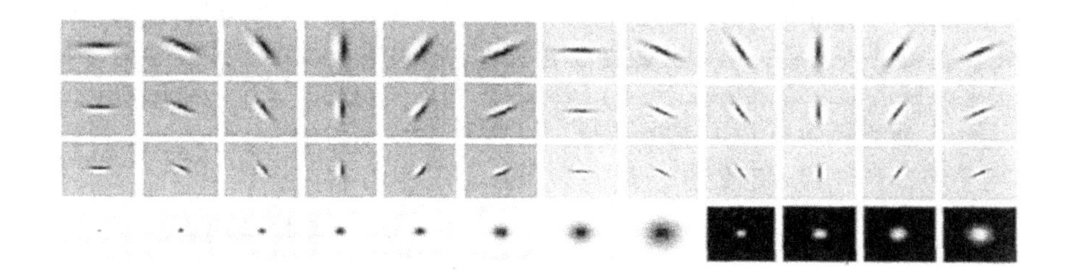

图 2.1　L-M 滤波器阵列

方向参数分别为 0°、30°、60°、90°、120°、150°。类似的体现方向和尺度特征的滤波器阵列还有很多，例如经典的 Gabor 滤波器、DoG 算子、MR 滤波器阵列[112-114]（其包括 MR4 滤波器阵列和 MR8 滤波器阵列两种）等。同时考虑方向性与尺度特性时，可以任意组合使用以达到更好的特征提取效果。

2. 位置特征

在图像平面上，越是空间距离较短或互相接近的像素越具有相似的性质，容易组成区域，越是远离的像素性质越趋于不同的区域，因此，像素的位置信息也是影响显著性检测的一个重要因素，它关系到显著性检测结果的连续性。由于每幅图像的大小不同，直接用像素的位置信息并不合适，一般采用的是归一化位置信息。

3. 亮度特征

亮度特征相对抽象，是人类心理物理量的反应，即人的视觉感受到的光强度和能量的一种量度，是人眼对光辐射量的一种主观量度，表现出来就是一种密度或强度。亮度特征以灰度值的形式表示图像，通常将黑白图像的灰度值划分成 256 个级别。图像中黑色部分的亮度值最小，白色部分是最亮的，亮度值最大。在自然获取的图像中，亮度值可以反映出图像的很多信息，比如图像中物体及其各部分与它周围环境的亮度的差异。我们可以通过这种差异来获取图像中不同的物体和环境的一些信息，这些信息可以反映出图像中物体的轮廓和形状等。

对于彩色图像，特征提取速度比灰度图像要慢很多，另外，对于 256 色的彩色图像，经过一些处理后有可能产生不属于这 256 种颜色的新颜色，为了提高图像的处理速度以及避免这种色彩失真现象的出现，图像的很多处理都需要通过公式将输入的RGB彩色图像转换成灰度图像。常用的彩色图像灰度化的转换公式如下：

$$I = 0.299 \times R + 0.587 \times G + 0.114 \times B \tag{2.1}$$

式(2.1)中，I代表经过换算后的灰度值，R代表红色分量值，G代表绿色分量值，B代表蓝色分量值。亮度特征可以通过灰度直方图来描述。图像的灰度直方图是表示一副图像灰度分布情况的统计特征，是图像处理和特征提取中十分重要的分析工具，为图像亮度特征分析提供了重要的特征数据。

4. 颜色特征

视觉研究已经表明，颜色是预处理视觉阶段的基本特征，是人类识别图像的主要感知特征之一。颜色是图像底层特征中最直观、最具表现力的视觉特征，同时也是显著性检测中最常用到的特征，几乎每种显著性检测算法都把颜色当作最重要的信息之一。根据国际照明委员会CIE对颜色描述的定义，色调、饱和度和亮度是颜色所固有的且截然不同的三个特性，利用这三个特性来区分不同颜色。颜色特征是图像最直观和明显的整体特征，渲染了图像或者图像内部景物的外观性质。相对于其他特征，颜色特征对于图像的平移、尺度、旋转变化不敏感，具有很强的鲁棒性，而且计算简单。

图像颜色分析的基础是颜色模型的选择。颜色模型是表示颜色的一种数学方法，人们用它来指定和产生颜色，使颜色形象化。颜色模型的选取对于颜色特征的提取有着重要意义，然而关于颜色空间的选择，却没有一致的定论。有的研究者称Lab空间具有感知意义，有的称RGB空间计算更有效。实际应用中数字图像采用的基本颜色表示是RGB，常用到的其他颜色空间有Lab颜色空间、RGB空间、HSV空间、HSI空间、YUV空间等。颜色的描述方式有很多，如颜色直方图法[115]、颜色一致性矢量法(CCV)[116]、颜色矩表示法[117]、颜色集表示法[118]、颜色对表示法、参考颜色表示法等。颜色直方图是统计、分析图像颜色直观而又有效的方法，最常用的方法是Swain和Ballard提出的颜色直方图方法[119]，通过统计整幅图像总体的颜色分布获得颜色特征。颜色直方图可以基于不同的颜色空间和坐标系，其中基于 HSV、Lab 等空间的颜色直方图更接近于人们对颜色的主观认识。下面详述几种常用的颜色空间与颜色直方图表示方式。

1）RGB 颜色空间与 RGB 直方图

RGB 彩色空间是用于显示和保存彩色图像最常用的彩色空间，由 R、G 和 B 三个分量组成，分别反映了颜色在各个通道上的亮度值。RGB 颜色空间表示颜色方法简单、直观，易于计算机表示与计算，广泛用于一般的彩色图像处理[120]。但是 RGB 颜色空间不符合人类视觉的感知，也不适合于图像分割和分析，因为 RGB 三分量是高度相关的，即只要亮度改变，三个分量都会相应改变。另外，在 RGB 空间进行彩色测量时，由于不是一个均匀视觉的颜色空间，无法用一个统一的刻度去表示颜色差别，因此，两种颜色的相似度不能用其在 RGB 空间中的距离来度量。RGB 直方图主要有两种：一种是直接对量化后的 R、G、B 颜色构建直方图；另一种是对 R、G、B 三个通道分别构建直方图，然后将三个直方图组合成一个总的 RGB 直方图[121]。

2）HSV 颜色空间与 HSV 直方图

HSV 颜色模型是一种比 RGB 颜色模型视觉更均匀的模型。HSV 颜色空间直接对应于人眼视觉特性的三要素：色调 H（Hue）、饱和度 S（Saturation）和亮度 V（Value），且通道间各自独立。其中色调 H 表示不同的颜色如黄、红、绿，用角度 0～360°来表示；饱和度 S 表示颜色的深浅如深红、浅红；亮度 V 表示颜色的明暗程度，亮度分量与图像的彩色信息无关，主要受光源的影响，光波的能量越大，亮度就越大。颜色的色调和饱和度与人感受颜色的方式是紧密相连的，说明了颜色的深浅、合成色度[122]。HSV 颜色直方图应用广泛，因其与人眼的视觉特性比较接近，所以能较好地反映人对颜色的感知和鉴别能力。很多研究者采用其来描述颜色特征，如文献[123]利用 LUV、HSV 颜色空间上的直方图和边缘直方图进行颜色特征分析。HSV 直方图是在 HSV 颜色空间中的统计图像直方图，通常需要对各通道进行一定的量化，以减小直方图的维数。根据定义，H、S、V 三通道对颜色的贡献程度不同，不同的量化级数将对HSV 直方图的特征有较大的影响，文献[124]比较了 HSV 空间不同的量化级数对相似性度量正确率的影响，最终实验结果表明 16×4×1 的量化级数效果最好。

3) Lab 颜色空间与 Lab 直方图

Lab 色彩空间是惯常用来描述人眼可见的所有颜色最完备的色彩模型，也称为 CIE-Lab 色彩空间。它是由亮度 L 和有关色彩的 a、b 三个要素组成，该颜色空间由基于非线性压缩的 CIE-XYZ 色彩空间衍生而来。L 分量表示像素的亮度，取值范围是[0，100]，表示从黑到纯白，L=50 时，就相当于 50%的黑；a 表示从深红色至绿色的范围，b 表示从黄色至蓝色的范围，a 和 b 的取值范围都为+127～−128，其中+127a 就是深红色，渐渐过渡到−128a 的时候就变成绿色；+127b 就是黄色，渐渐过渡到−128b 的时候就变成蓝色。在 Lab 色彩模型中，亮度和颜色是分开的，便于独立地分析亮度和颜色。

目前，色域最宽的色彩空间是 Lab 颜色空间。它不仅包含了 RGB、CMYK 的所有色域，还能表现它们不能表现的色彩，这就意味着 RGB 以及 CMYK 所能描述的色彩信息在 Lab 空间中都能得以影射。人的肉眼能感知的色彩，都能通过 Lab 模型表现出来。这种模式是以数字化方式来描述人的视觉感应的，与设备无关，因此它弥补了 RGB 模型色彩的不足，且 RGB 和 CMYK 模式必须依赖于设备的色彩特性。因为 RGB 模型在蓝色到绿色之间的过渡色彩过多，而在绿色到红色之间又缺少黄色和其他色彩，在实际图像处理应用中，先将 RGB 颜色空间转化到 XYZ 色彩空间，转换的具体公式如下：

$$\begin{cases} X = 0.412\,453R + 0.357\,580G + 0.180\,423B \\ Y = 0.212\,671R + 0.715\,610G + 0.072\,169B \\ Z = 0.019\,334R + 0.119\,193G + 0.950\,227B \end{cases} \tag{2.2}$$

再将图像由 XYZ 色彩空间转换到 Lab 色彩空间，转换结果参照下面的计算公式：

$$L = 116\sqrt[3]{x} - 16 \tag{2.3}$$

$$a = 500(f_x - f_y) \tag{2.4}$$

$$b = 200(f_y - f_z) \tag{2.5}$$

其中，f_x、f_y 和 f_z 为色彩空间转换中的临时参量，x 为 XYZ 色彩空间 X 分量与白色参考点对应量的比值。当 $x<0.008\ 856$，$f_x=7.787x+\frac{16}{116}$；当 $x>0.008\ 856$，$f_x=\sqrt[3]{x}$。Y 分量和 Z 分量参照与 X 分量相同的计算方法，分别得到色彩空间转换中的临时参量 f_y 和 f_z。

由式(2.3)～式(2.5)得到 Lab 色彩空间的三个分量值，再将 Lab 色彩空间的 a、b 分量值进行归一化，使每个分量的值都分布在区间[0，1]上。颜色直方图需要将颜色空间划分为[0，$L-1$]共计 L 种小的颜色区间，则构成 L 种颜色 bin，然后将[0，1]之间的分量值与颜色 bin 的个数相乘，使得分布在[0，1]上分量值的元素扩展到颜色区间[0，$L-1$]上。假设 L 种颜色 l_k 为第 k 种的颜色 bin，l_k 颜色 bin 中像素点的个数为 n_k 个。通过计算，颜色落在每个 l_k 颜色 bin 的像素数量 n_k，可以得到 Lab 颜色直方图。本文提出的算法中颜色梯度直方图就是基于 Lab 颜色空间描述颜色梯度特征的。

5. 纹理特征

纹理特征是图像中的一个重要特征。不同于图像的亮度和颜色特征，目前为止并没有一个准确且统一的定义来描述纹理特征。但根据大量学者针对不同应用背景及不同角度的研究成果得出，纹理特征是从区域性及其基本构成单元的角度去分析一幅图像的[125]。

纹理的基本构成单元是自然图像中基本的微观结构，称为纹理基元[126,127]，就像将物体按照分子的构成一样进行最小微粒划分，纹理基元不同程度和不同形式的重复组合构成了图像的纹理，根据图像纹理特征的统计特性可以反映出图像的纹理差异，即体现出图像中物体结构的局部显著性特征以及物体之间的差异。

目前，纹理特征提取算法可以实现对图像纹理特征的定量描述，如图 2.2 所示，大致分为四类[128]。一是统计方法，以像素及其邻域的灰度属性为基础。主要的统计方法有自相关函数、灰度共生矩阵法、灰度梯度共生矩阵分析法、半方差图等[129-132]。二是结构方法，即找出纹理基元的排列组合规则，探索纹理的结构特征。比较有代表性的结构方法有句法纹理描述、数学形态学法及一些特征滤波器变换法[133, 134]。三是模型方法，通过假定纹理符合某种模型分布，重点考虑模型参数的估计。经常使用的模型方法有随机场方法和分形方法两种[135, 136]。四是滤波方法，通过滤波变换对图像纹理进行域变换，再设计提取算法提取纹理特征向量。常用的滤波方法有离散余弦变换法、傅里叶级数方法、小波方法、Gabor滤波方法等[137-140]。

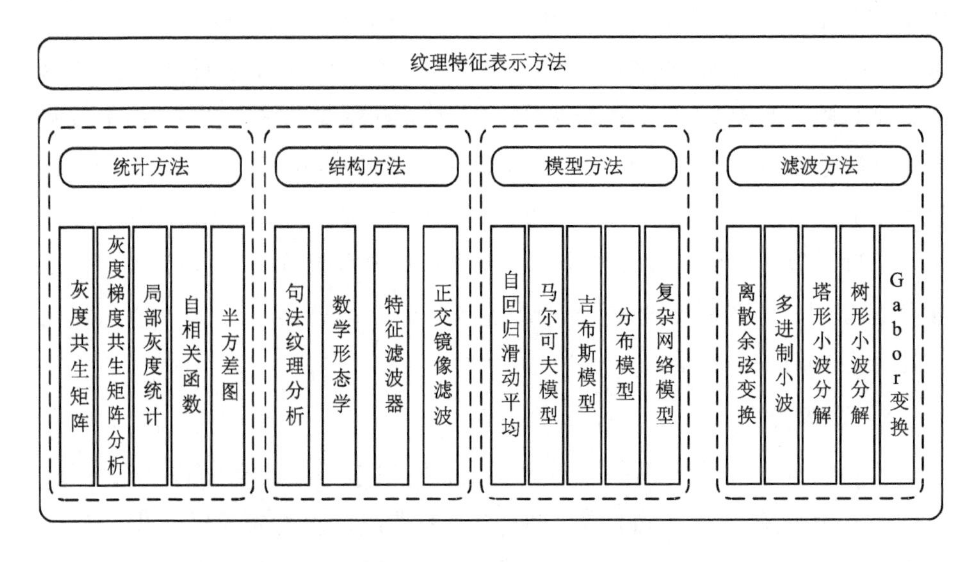

图 2.2 纹理特征表示方法

在实际图像处理分析中，研究者除单独采用上述所列的单一底层特征外，还经常使用不同特征组合，实现优势互补，从而获得比使用单一局部特征更精确高效的结果。如文献[141]提出采用颜色和纹理作为特征描述子，先将每个像素RGB值量化成颜色直方图，利用小波变换的方法提取纹理特征[141]。文献[142]提出一种融合局部区域中心像素及灰度均值的纹理描述形式，可实现对不同纹理图像库图像的检索。文献[143]是利用边缘信息的极坐标直方图来描述图像块的形状特征，实现图像识别。Bosch等对颜色与形状的综合特征进行了研究，提出了综合颜色形状的直方图特征，分别计算色调、饱和度、亮度三个通道的SIFT特征，得到

3×128维的特征[144]。VandeWeijer等人提出Hue-SIFT特征[145]，即将SIFT特征应用在利用饱和度修正后的色调通道上，这种颜色形状综合直方图特征既表示了颜色特征，又表示了形状特征，与分别表示颜色、形状特征的方式相比，能够获得更好的检测效果。

2.1.2 中高层语义特征

1. 词袋模型

图像中的词袋(Bag of Word，BoW)模型是先将局部特征描述子进行特征聚类，形成“视觉词典”，并根据词典中语义单词出现的频率进行统计，将图像转化成BoW表示。其一般步骤为：先提取图像中在人眼视觉较突出的点或者比较有区分性的特征点，常用特征点检测算法有文献[146]提出的DoG算法、文献[147]提出的角点检测算法以及文献[148]提出的以从图像中随机选取的点作为特征点的方法等；然后构建特征描述子，对特征点周围的局部图像块进行特征描述，常用方法有SIFT[149]、C-color-SIFT[150, 151]，PCA-S1FT[152]、SURF[153]等；再利用聚类算法构造视觉词典，常用的聚类算法有传统k-means算法[154]、加权k-means算法[155]等；最后统计每个视觉单词出现的次数，生成视觉词直方图即可描述图像。

由上述内容可知，图像的中高层特征大部分是对图像局部特征或融合底层特征后，赋予一定的语义信息，克服了一些主观性，通过统计局部语义概念出现的频率来描述整幅图像。如文献[156]中运用BoW模型描述图像的SIFT特征聚类形成的“视觉词典”，从而找出图像的潜在语义信息，实现无需人工标注样本。

2. 轮廓特征

计算机视觉研究者的研究表明：具有封闭轮廓的目标物体更容易引起人们的视觉注意。一幅图像中最重要的信息就是物体的边界轮廓，人们总是通过边界来识别和认知物体。生物学和认知学中的大量实验也证实了人眼视觉系统对边界的连续性尤其敏感。边界特征描述图像中物体的外形，是一种包含了图像语义特征的高层图像特征，表征了像素从一个所属物体到另外一个所属物体的改变，能从更高的角度指导视觉感知的结果。

早期的轮廓检测就是量化给定图像的边界存在位置。边界特征不同于传统的边缘，边缘是底层的图像特征，表征了图像中的像素在亮度、纹理、颜色等方面的变化，然而边界特征是通过对图像进行边缘检测、细化、边缘融合连接等处理后得到的。例如 Roberts、Sobel 和 Prewitt 边缘检测器都是通过将灰度图像与局部导数滤波器卷积得到的边缘检测结果[157-159]；Marr 和 Hildreth 使用高斯-拉普拉斯算子的零交叉边缘检测[160]；Canny 算子也是使用非极大值抑制和滞后阈值步骤，在亮度通道将边缘建模为强间断；面向能量方法考虑图像对一组不同尺度和方向滤波器的响应[162, 163]，能够获取更加丰富的描述；Lindeberg 提出了一种基于滤波器的具有自动尺度选择机制的方法[164]；Martin 定义了亮度、颜色和文本通道的梯度算子，并将这些算子作为 logistic 回归分类器的输入，用来预测边缘强度[165]。与依赖这样的底层特征不同，Dollar 提出了一种升高边缘学习(BEL)算法，试图通过由图像块计算得到的数千个简单特征形成概率升高树来学习一种边缘分类器，这种方法的优点是能够处理多个线索，以保证在初始分类阶段的并行性与完备性[166]；Mairal 通过学习局部图像块中有区别的稀疏代表，建立了通用并且具有类特异性的边缘检测器，它们对每一类学习一种有区别的字典，并将由每个字典获取的重建误差作为最终分类器的特征输入[167]；Ren 利用文献提出的多尺度局部算子得到的综合线索，定义附加局部线索和相关对比线索为多尺度检测器输出，用于二值化分类器[168, 165]。

在边缘检测领域，众多的边缘检测器为轮廓检测提供了有效的方法。根据显著目标大多具有闭合轮廓的特性，假设图像中具有完整边界的物体很有可能是图像的显著目标区域，因此，本文算法基于文献[165]提出的多尺度局部算子的思想得到边界线索，并将其作为一个重要特征来实现图像显著目标检测。

2.2　相似性度量分析

相似性度量的研究起始于心理学，是人类判断决策和解决问题的重要参考工具[169]，涉及计算机视觉、聚类分析、模式识别、机器学习以及认知科学等众多研究领域，在人类认知世界的过程中具有非常重要的作用。相似性度量是一种在不确定性数据处理和分析中十分重要和广泛使用的方法，如何确定在具体应用领域中数据对象之间的相似度是一个复杂的基础问题[170]。相似性度量反映了两类物体或同类物体两个特征之间的关系强度，其值一般定义在[−1，1]之间，或者被标准化到[0，1]区间。但是，相似性概念到目前为止都没有文献能够给出完整定义。相似性的定义依赖于具体任务，不同的期望聚类结果决定了相似性不可能存在统一的定义。有些研究文献提出由相异性表示相似性，相异性越大，相似性越小，反之，相异性越小，相似性越大。

图像同种特征或不同特征之间的相似度度量研究对于图像分割具有十分重要的意义。对于图像分割，人们期望位于相同子区域内的样本(像素点)在某种特征下是相似的，不同区域间的样本是不相似的，即类内样本相似，类间样本相异。因此，图像分割问题也可以看成是一类针对图像像素点(区域)的聚类问题，相似性度量作为聚类技术中的一个核心问题，相似性度量的选择直接或间接地影响图像分割结果。据统计，目前已有包括内积、Dics 系数和 Jaccard 系数等在内的上百种相似性度量。随着科学技术和计算机应用技术的发展，许多新的相似性度量应运而生，如归一化相关、相位相关、距离、基于互信息的度量等。

2.2.1　相似性计算模型

相似性的度量方法有很多，有的用于专门领域，有的适用于特定类型的数据，如何选择相似性的度量方法是一个相当复杂的问题。数据特征和相似度计算模型是决定相似性度量的两个关键因素。给定数据矩阵，根据实际应用情况选择合适的特征数据和恰当的相似性度量方法，通过某种相似度(相异度)计算模型来计算相似度(相异度)矩阵。对于样本之间的相似性度量，相似度计算模型大致可以分为几类：空间相似性计算模型、属性相似性计算模型、相似性融合模型。

1. 空间相似性计算模型

几种相似性计算模型中，空间相似性计算模型是最常用的相似性计算模型。Shepard认为任何样本都可以用n维空间的一个坐标点来表示，两个样本之间的空间关系决定了样本之间的相似性。一般情况下，空间关系可以通过距离函数计算出的样本间空间距离来表示，空间距离越小，样本间的相似度就越大。通常，距离函数可以理解成相似度函数，它们之间的转换是用一个以距离为变量的非负递减函数来实现的。Shepard提出了一个基于空间距离的一般化的相似性计算模型[171, 172]：

$$F(m, n) = M(d(m, n)) \tag{2.6}$$

其中，$F(m, n)$是样本m和n之间的相似度大小，$M(X)$是关于X的一个非负递减函数，且$1 \geqslant M(X) \geqslant 0$，$M(0)=1$，$d(m, n)$为样本$m$和$n$之间的距离。由上式可知，相似度的计算关键在于距离函数的选择，不同的函数和不同的距离函数可以导出不同的相似性函数。用于相似性度量的距离函数有多种，通常满足对称性和非负性。已知$[X]_{q\times p}$是一个拥有p个样本的数据矩阵，则一般化的距离函数，即闵可夫斯基距离为

$$d(x_m, x_n) = \| x_m - x_n \|_q = \left(\sum_{i=1}^{p} | x_{mi} - x_{ni} |^q \right)^{\frac{1}{q}}, \ \forall x_m, x_n \in X \tag{2.7}$$

当$q=1$时，为曼哈顿距离：

$$d(x_m, x_n) = \| x_m - x_n \|_1 = \sum_{i=1}^{p} | x_{mi} - x_{ni} |, \ \forall x_m, x_n \in X \tag{2.8}$$

当$q=2$时，为欧氏距离：

$$d(x_m, x_n) = \| x_m - x_n \|_2 = \left(\sum_{i=1}^{p} | x_{mi} - x_{ni} |^2 \right)^{\frac{1}{2}}, \ \forall x_m, x_n \in X \tag{2.9}$$

欧氏距离函数是一种连续特征空间的几何距离度量函数，满足标准

度量的非负性、自反性、对称性以及三角不等式，一般用于二维或三维空间的对象间距离的度量。

当 $q=\infty$ 时，为切比雪夫距离：

$$d(x_m, x_n) = \| x_m - x_n \|_\infty = \max_{i \in \{1, 2, \cdots, p\}} |x_{mi} - x_{ni}|, \forall x_m, x_n \in X \tag{2.10}$$

另外，还有一种经常使用的距离函数，即马氏距离：

$$d(x_m, x_n) = ((x_m - x_n)^{\mathrm{T}} S^{-1} (x_m - x_n))^{\frac{1}{2}}, \forall x_m, x_n \in X \tag{2.11}$$

该公式是由印度统计学家 P. C. Mahalanobis 提出的，用来表示样本间的协方差距离，是一种有效的计算相似度的方法。它的特点是与尺度无关，并将特征之间的关联信息考虑在内，不受量纲的影响，还可以排除变量之间的干扰，但缺点是夸大了变化微小的变量的作用。

除以上介绍的常见距离函数之外，针对特定问题、特定值类型，还有很多种专用距离函数对不同距离函数进行加权处理，以满足不同状况下的相似性度量。

空间相似性计算模型中，除了以上基于空间距离的相似度函数，还有一些其他的常用空间相似度计算模型，如余弦相似度(Cosine Similarity)、皮尔森相关系数(Pearson Correlation Coefficient)等。其中，余弦相似度函数为

$$s(m, n) = \cos(\theta_{mn}) = \frac{x_m^{\mathrm{T}} x_n}{\| x_m \| \| x_n \|} \tag{2.12}$$

它通过计算两个样本向量在 n 维空间的夹角的余弦来表示样本间的相似度，夹角越大相似度越小，反之相似度越高。皮尔森相关系数为

$$r(m, n) = \frac{(x_m - \bar{x}_m)^{\mathrm{T}} (x_n - \bar{x}_n)}{\| x_m - \bar{x}_m \| \| x_n - \bar{x}_n \|} \tag{2.13}$$

它是基于样本自身总体标准化计算空间向量的余弦夹角，可以看成是余弦相似度的一种特例。更多满足空间相似性计算条件的模型以及有关距离和相似性的详细介绍可通过文献[173]进行了解。

2. 属性相似性计算模型

属性相似性计算模型主要是由不同样本所具有的相同属性特征和不

同属性特征的数量决定的。属性相似性计算模型的定义主要针对具有离散属性的样本：设有 C 个样本，分别为 X_1，X_2，…，X_C，采用属性特征对其进行描述；若将各属性值标准化，则描述第 i 个样本的 m 个属性值为 f_{i1}，f_{i2}，…，f_{im}，描述第 j 个样本的 n 个属性值为 f_{j1}，f_{j2}，…，f_{jn}；通过衡量 i 样本和 j 样本之间的共有属性和私有属性的数量来确定属性相似性函数 $s(i,j)$。研究者们提出了很多属性相似度计算模型，如两种常用的属性相似性计算模型：加性属性对比相似性计算模型和比率属性对比相似性计算模型[174]。

加性属性对比相似性计算模型：

$$s(i,j)=\theta|F_i\cap F_j|-\alpha|F_i-F_j|-\beta|F_i-F_i| \tag{2.14}$$

比率属性对比相似性计算模型：

$$s(i,j)=\frac{|F_i\cap F_j|}{|F_i\cap F_j|+\alpha|F_i-F_j|+\beta|F_j-F_i|} \tag{2.15}$$

式(2.14)和(2.15)中，θ、α、β 为非负数，F_i 代表样本 i 中离散属性的集合，$|F_i-F_j|$ 代表样本 i 中存在而样本 j 中不存在的属性的个数。对于式(2.15)，当 α、β 都为 1 时，为 Jaccard 系数，当 α、β 都为 0.5 时，为 Dics 系数，因此比率属性对比相似性计算模型是一个普遍适用的模型。

3. 相似性融合模型

所谓相似性融合计算模型，就是针对具有不同特征的样本，先计算单一特征的相似度，然后再通过加权系数或隶属函数的数学模型将不同特征的相似度进行融合处理。在实际图像分割应用中，图像的环境特征往往比较复杂，如果仅凭单一的特征相似度进行分类，往往很难得到理想的结果。而利用有效的数学模型可以将多种特征相似度融合起来，使不同特征之间取长补短，因此，相似性融合数学计算模型是解决这一问题的有效方法。相似性融合数学模型有多种，常用的有加性模型和乘性模型，加性模型在上一节已经提到，下面给出乘性模型的数学公式及其定义。

乘性模型：

$$S(i,j)=\prod_p s^p(i,j) \tag{2.16}$$

其中，$S(i, j)$表示融合后的相似性，p是指对应特征集合中特征的数量，$s(i, j)$表示特征集合中某一特征的相似性。

另外，一些分类器的数学模型也常被用来作为相似性融合计算模型，例如线性回归模型、逻辑回归模型、支持向量机SVM、粒子滤波等。下面简要给出这些融合模型的数学表达式及其定义。

（1）线性回归模型。

对于多元线性回归模型[175]：

$$Y_i = \beta_1 X_{1,i} + \cdots + \beta_k X_{k,i} + \varepsilon_i \tag{2.17}$$

其中，Y_i为因变量，X_1，…，X_k为k个自变量，β_1，…，β_k为回归系数，ε_i为随机扰动误差。设$(y_i, x_{i1}, \cdots, x_{ik})$，$i=1, \cdots, n$为$n$组观察数据，记为

$$\boldsymbol{Y} = \begin{pmatrix} y_1 \\ y_2 \\ \vdots \\ y_n \end{pmatrix}, \boldsymbol{X} = \begin{pmatrix} 1 & x_{11} & \cdots & x_{1,k} \\ 1 & x_{21} & \cdots & x_{2,k} \\ \vdots & \vdots & & \vdots \\ 1 & x_{n1} & \cdots & x_{n,k} \end{pmatrix},$$

$$\boldsymbol{\beta} = \begin{pmatrix} \beta_0 \\ \beta_1 \\ \vdots \\ \beta_k \end{pmatrix}, \boldsymbol{\varepsilon} = \begin{pmatrix} \varepsilon_1 \\ \varepsilon_2 \\ \vdots \\ \varepsilon_n \end{pmatrix} \tag{2.18}$$

可以写为矩阵形式：

$$\boldsymbol{Y} = \boldsymbol{\beta X} + \varepsilon \tag{2.19}$$

其中，$\varepsilon_i (i=1, \cdots n)$是互不相关的，它服从正态分布$\varepsilon = (\varepsilon_1, \varepsilon_2, \cdots, \varepsilon_n) \sim N(0, \sigma^2 I)$。

多元线性回归模型的核心问题是，如何估计参数$\boldsymbol{\beta}$以及如何计算其估计量$\hat{\beta}$。有多种方法可以对系数向量$\boldsymbol{\beta}$进行估计，线性模型主要的估计方法是最小二乘法，其基本思想是：寻找一个由$\beta = (\beta_1, \beta_2, \cdots, \beta_k)$组成的超平面，使其尽可能地接近已知的$n$个点，可以表示为$\hat{\beta} = \arg\min_{\beta} \| \boldsymbol{Y} - \boldsymbol{X}\beta \|^2$，这样通过无条件极值求解方法，可以得到$\boldsymbol{\beta}$的最小二乘估计。

(2) 逻辑回归模型。

对于二元逻辑回归，逻辑回归方程表示某一样本属于该分类的概率值。逻辑回归模型的最终分类结果为0或1，其中1表示属于该类，0表示不属于该类。设样本 X_i 结果为1的概率为 P_i，结果为0的概率为 $1-P_i$，以 Y_i 为因变量，建立逻辑回归模型如下[176]：

$$P_i = p(Y_i = 1 \mid X_i) = \frac{1}{1+e^{-g(x)}} \tag{2.20}$$

则不属于该类的条件概率为

$$1-P_i = p(Y_i = 0 \mid X_i) = 1-\frac{1}{1+e^{-g(x)}} \tag{2.21}$$

式中，$g(x)=\beta_0+\beta_1 x_1+\beta_2 x_2+\cdots+\beta_n x_n$，$x_1$，$x_2$，$x_3$，…，$x_k$ 为自变量，代表第 i 个样本 X_i 的 k 个特征属性值，β_0，β_1，β_2，β_3，…，β_k 代表逻辑回归系数，Y_i 代表第 i 个样本的分类结果。

构建逻辑回归模型的主要目的是求解逻辑回归方程中的参数 β_0，β_1，β_2，β_3，…，β_k。从上面的表达式可以推断出在参数为 β，逻辑回归模型已知的条件下，n 个样本 $X=(X_1, X_2, X_3, \cdots, X_n)$的似然函数为

$$l(\beta) = \prod_{i=1}^{n} P_i^{\,Y_i}(1-P_i)^{1-Y_i} \tag{2.22}$$

其对数形式为

$$\ln l(\beta) = \sum_{i=1}^{n}[Y_i \ln P_i + (1-Y_i)\ln(1-P_i)] \tag{2.23}$$

在训练样本以及样本的分类结果已知的条件下，可以用最大似然估计法计算式(2.23)似然函数 $\ln l(\beta)$的最大值来求解逻辑回归模型方程中的参数 β_0，β_1，β_2，β_3，…，β_k[177]。

(3) 支持向量机。

支持向量机(SVM)是以统计学习理论为基础的一种数据挖掘方法，也是一种机器学习算法。Boser 等人在1992年首次提出该理论[178]，之后由 Vapnik 和 Cortes 对其改进并推广后[179]，成为近年来机器学习领域研究的热点问题。它能成功地处理模式识别(分类问题、判别分析)和回归问题(时间序列分析)等诸多问题，并在解决小样本、非线性、高维模式识

别以及回归估计中表现出许多特有的优势，不存在局部最优的问题并且具有良好的扩展性，因此被广泛应用于各个领域和学科。从分类问题入手更容易理解支持向量机的原理，简单地说支持向量机的机理就是寻找一个满足分类要求的最优分类超平面，使得该超平面在保证分类精度的同时，能使超平面两侧的空白区域最大化[180-183]。理论上讲支持向量机能实现对线性以及非线性可分数据的最优分类。下面针对线性与非线性情况下的分类问题对支持向量机的一些分类原理做简要介绍。

① 对于线性可分情况。

假设一个二分类问题，给定一组学习样本集$\{x_i, y_i\}$，$i=1, 2, \cdots, l$，$x\in R^n$，$y\in\{-1, 1\}$，其中输入样本为 l 维向量，x_i 代表样本集 x 中第 i 个样本的输入向量，y_i 为其对应的类别。那么一定存在这样的超平面：

$$\boldsymbol{\omega}\cdot\boldsymbol{x}+\boldsymbol{b}=\boldsymbol{0} \tag{2.24}$$

使得同类别的样本均在这个平面的同一侧。式中，$\boldsymbol{\omega}$ 代表权向量，$\boldsymbol{b}$ 代表常量，“·”代表向量的内积。式(2.24)所代表的超平面可能存在多个，SVM 的目的就是从中找出具有最大分类间隔的超平面，用来将样本集尽可能无错误地分类。

为使分类平面对所有样本正确分类并具备分类间隔，要求其满足下式：

$$y_i[(\boldsymbol{\omega}\cdot\boldsymbol{x})+\boldsymbol{b}]\geqslant 1,\ i=1, 2, \cdots, l \tag{2.25}$$

由式(2.25)可得分类间隔为 $2/\|\boldsymbol{\omega}\|$，于是构造最优超平面的问题便转化为求解如下带约束的最小值问题：

$$\min\Phi(\boldsymbol{\omega})=\frac{1}{2}\|\boldsymbol{\omega}\|^2=\frac{1}{2}(\boldsymbol{\omega}'\cdot\boldsymbol{\omega}) \tag{2.26}$$

在约束条件下引入拉格朗日函数：

$$L=\frac{1}{2}\|\boldsymbol{\omega}\|^2-\sum_{i=1}^{l}a_i y_i(\boldsymbol{\omega}\cdot x_i+\boldsymbol{b})+\sum_{i=1}^{l}a_i \tag{2.27}$$

其中，$a_i>0$ 为拉格朗日系数。约束最优化问题由拉格朗日函数的鞍点决定，并且最优化问题的解在鞍点处满足对 $\boldsymbol{\omega}$ 和 $\boldsymbol{b}$ 的偏导为 0。将该二次规划问题转化为如下相应的对偶问题：

$$\max Q(a) = \sum_{j=1}^{l} a_j - \frac{1}{2}\sum_{i,\ j=1}^{l} a_i a_j y_i y_j (x_i x_j),\ s.t.\ \sum_{j=1}^{l} a_j y_j = 0,\ a_j \geqslant 0 \tag{2.28}$$

式中，$a=(a_1, a_2, \cdots, a_l)$。经计算，最优权值向量 $\boldsymbol{\omega}^*$ 和最优偏置 $\boldsymbol{b}^*$ 分别为

$$\boldsymbol{\omega}^* = \sum_{j=1}^{l} a_j^* y_j x_j \tag{2.29}$$

$$\boldsymbol{b}^* = y_i - \sum_{j=1}^{l} y_j a_j^* (x_j \cdot x_i) \tag{2.30}$$

式(2.29)和式(2.30)中，$j\in\{j \mid a_j^* > 0\}$，因此得到最优分类面为 $\boldsymbol{\omega}^* \cdot \boldsymbol{x} + \boldsymbol{b}^* = \boldsymbol{0}$，而最优分类函数为

$$f(x) = \mathrm{sign}\{(\boldsymbol{\omega}^* \cdot \boldsymbol{x}) + \boldsymbol{b}^*\} = \mathrm{sign}\{(\sum_{j=1}^{l} a_j^* y_j (x_j \cdot x_i)) + \boldsymbol{b}^*\} \tag{2.31}$$

② 对于非线性情况。

对于非线性情况，SVM 的主要思想是将输入向量映射到一个高维的特征向量空间，并在该特征空间中构造最优分类面，即 x: $R^n \to F$，可得

$$x \to \Phi(x) = (\Phi_1(x), \Phi_2(x), \cdots, \Phi_l(x))^{\mathrm{T}} \tag{2.32}$$

因为对于线性不可分问题，不可能找到把样本完全正确分类的超平面，所以一般对样本 x_i 引入松弛参数 ξ_i 来把约束条件放松为

$$y_i(\boldsymbol{\omega} \cdot \boldsymbol{\Phi}(x) + \boldsymbol{b}) \geqslant 1 - \xi_i,\ i = 1, 2, \cdots, l \tag{2.33}$$

由此可知，$\sum_{i=1}^{N} \xi_i$ 代表样本中所有错分样本的误差和，即误差上界，于是构造最优超平面的问题便转化为求解如下带约束的最小值问题：

$$\min \Phi(\omega) = \frac{1}{2}\|\boldsymbol{\omega}\|^2 = \frac{1}{2}(\boldsymbol{\omega}' \cdot \boldsymbol{\omega}) + \gamma\sum_{i=1}^{l} \xi_i,\ s.t.\ y_i(\boldsymbol{\omega} \cdot \Phi(x) + \boldsymbol{b}) \geqslant 1 - \xi_i,\ i = 1, 2, \cdots, l \tag{2.34}$$

其中，γ 代表惩罚因子，表示对错误的惩罚程度。通过拉格朗日函数将上式转化为可直接求解的对偶形式：

$$\max Q(a) = \sum_{j=1}^{l} a_j - \frac{1}{2}\sum_{i,\ j=1}^{l} a_i a_j y_i y_j (\Phi(x_i) \cdot \Phi(x_j)),\ s.t.\ \sum_{i=1}^{l} a_i y_i = 0$$

且

$$0 \leqslant a_i \leqslant \gamma, \ i = 1, \cdots, l \tag{2.35}$$

利用最优化条件可以求得超平面的参数 $\boldsymbol{\omega}^*$ 和 $\boldsymbol{b}^*$，得到的决策函数为

$$f(x) = \text{sign}\{(\boldsymbol{\omega}^* \cdot \Phi(x) + \boldsymbol{b}^*\} = \text{sign}\{\sum_{j=1}^{l} a_j^* y_j \Phi(x_j) \cdot \Phi(x_i) + \boldsymbol{b}^*\} \tag{2.36}$$

式(2.36)的计算过程中，为了避免在高维特征空间直接计算内积，可引入核函数来简化计算得到分类结果。

2.2.2 相似性度量

1. 高斯型相似性度量函数

高斯型相似性度量是一种常用的相似性定义方式，一般在图像处理与聚类算法中，通常采用高斯核函数来定义数据间的相似性，其对噪声和边界具有一定的鲁棒性。其一般数学描述为

$$s(i, j) = \exp\left(-\frac{\| x_i - x_j \|^2}{2\sigma^2}\right) \tag{2.37}$$

式中，x_i 和 x_j 为待测数据，$\| x_i - x_j \|^2$ 表示 x_i 和 x_j 之间的平方欧几里得距离，其中 $\sigma = \sigma_0 d$，d 代表待测数据集的直径，σ_0 为核函数的核宽，即函数核的宽度尺度参数，控制了函数的径向作用范围。

函数核的宽度尺度参数非常敏感，所有使用高斯核相似性的算法都会涉及此参数，核宽参数的选取是高斯核函数定义的关键问题之一。不同算法涉及高斯核函数的核宽参数选择对应不同的数据聚类结果[184]，以流形数据点集和云团状数据点集为例，如图 2.3 所示。

众多文献表明，核宽的选取是一个经验取值，取值范围为 0.02～0.2，一般默认的经验值为 0.05。上述实验也证明了这一点，当 $s=0.05$ 时，能够取得较为理想的数据聚类结果；但对于维数较高的数据集，如 USPS，一般取值为 0.1～0.2。本文算法选取高斯核函数作为图像特征之间的相似性度量。

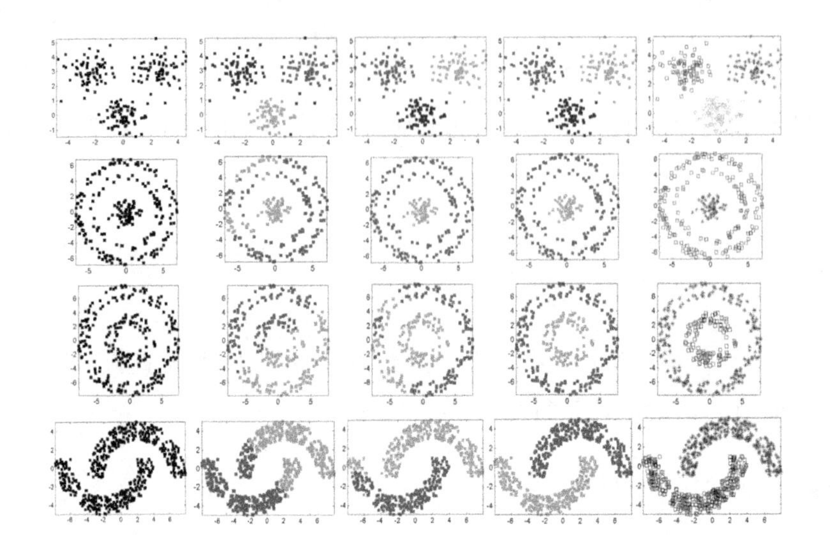

图 2.3　各种核宽对应的不同聚类效果

2. 自适应高斯型相似性度量函数

作为高斯相似性度量的核心问题，尺度参数 σ 的选择对于聚类结果来说至关重要。由于不同的数据集所对应的尺度参数取值往往具有很大的差异，并且同一数据集的尺度参数的微小变化都会使实验结果存在很大差异，因此，现有大多谱聚类的算法主要根据经验选取尺度参数 σ，并结合多次实验来选择最佳尺度参数。这样不仅会使实验难度增加，更重要的是对于一些实际问题，数据集往往都是比较复杂的，仅通过单一尺度参数 σ 来处理数据集中的所有数据点往往很难得到理想的聚类结果。针对传统高斯相似性度量函数对尺度参数敏感的问题，如何根据数据来自动选择尺度参数的问题引起了不少学者以及研究者的关注。例如有学者提出一种自适应的高斯相似度计算方法，具体的模型定义如下[185]：

$$s(i, j) = \exp\left(\frac{-d^2(x_i, x_j)}{\sigma_i \sigma_j}\right) \tag{2.38}$$

式中，$d(x_i, x_j)$为样本 x_i 与 x_j 之间的欧式距离，$\sigma_i = \frac{1}{N}\sum_{x_j \in C_{x_i}}[d(x_i, x_j)]$ 为自适应的尺度参数，参数中的 N 是使用 k 邻近法得到的 N 个邻域点。自适应的高斯相似度计算方法与单一尺度的高斯相似度计算方法相比，能使分类结果更理想，并且占有更大的优势。

3. 鲁棒的相似性度量函数

在实际的相似性度量中，往往会受到噪声点以及离群点的影响，并且数据类型的多样性也会给相似性度量的精确性带来很大影响，而快速有效鲁棒性强的相似性度量函数对于图像分割具有很重要的研究价值。因此，为了尽最大可能地克服这些限制因素，鲁棒有效的相似性度量成为聚类分析亟待解决的关键问题。不少研究者通过对现有相似性度量的深入分析，构建出了各种具有鲁棒性的相似性度量准则。Chang等人通过将数据点的邻域信息加入相似度的计算中，并通过给两个数据点赋予权重的方法来修正两点之间的相似度以提高相似性度量的鲁棒性[186]，具体公式如下：

$$S(i, j) = \alpha_i \alpha_j s(i, j) \tag{2.39}$$

式中，$s(i, j)=\exp(-d^2(x_i, x_j)/\sigma_i\sigma_j)$表示样本$x_i$与$y_i$之间的自适应高斯相似度，$\alpha_i=\alpha_i'/\max_{x_i \in X}\alpha_i'$表示归一化后的加权系数，$\alpha_i'=\sum_{x_j \in C_{x_i}} s(i, j)$表示数据点$x_i$邻域的所有权重之和。经试验验证，该本算法的确具有很强的鲁棒性。

4. 新的相似性度量函数

除以上介绍的一些相似性度量函数之外，一些新的相似性度量函数也相继被提出。与一般的相似性度量函数相比，新的相似性度量函数在一定程度上既对已有相似性度量函数进行了修正与改进，又继承了各个相似度的优点，能更好地代表数据点之间的相似度。如有学者将自适应相似度与加权相似度进行结合得到了新的相似性度量函数，不仅能合理地表示不同密度类的数据点间的相似关系，而且可以提高度量的鲁棒性，使最终聚类结果更加理想[187]。

2.3 本章小结

本章简要概述了图像显著特征的定义及分类，依次描述了方向与尺度特征、位置特征、亮度特征、颜色特征、纹理特征等底层特征，以及词袋模型与轮廓特征等中高层语义特征，并例举了现有的特征提取方法；详细分析了几种图像特征之间的相似性计算模型，以及在图像处理中常用的几种相似性度量函数，并同时给出了本文算法采用的视觉特征与相似性模型。

第三章　基于多示例学习的图像目标显著性特征检测

3.1　显著性特征的检测

本文采用自底向上的局部显著性检测方法，利用每个视觉单元的多个梯度特征向量作为学习参考，结合多示例学习方法确定最终图像显著度大小。梯度表征特征量在某个方向上变化率的最大值向量，图像中目标特征的显著变化都可以用梯度很好地描述。

在数学定义中，梯度是由方向导数引申而来的，方向导数代表一个多变量的可微分函数上任意一点沿着某一向量方向的瞬时变化率，梯度就是使该点的方向导数最大的方向向量；梯度是函数的方向导数在该方向上的投影，函数的梯度垂直于该点的等值面(或等值线)，方向为函数增大的方向。对于图像中不同区域间某种特征的变化而言，梯度可以描绘出特征变化率最大的线条，即图像中的任一视觉单元和周围局部邻域单元的差异，因此可以用梯度勾勒一张图片中物体的轮廓布局信息。

梯度特征的提取是在Lab色彩空间下进行的，Lab是用来描述人眼可见的所有颜色最完备的色彩模型，由亮度L和有关色彩的a、b三个要素组成。L分量用于表示像素的亮度，a表示从洋红色至绿色的范围，b表示从黄色至蓝色的范围。本节从底层的视觉特征出发，选取亮度梯度特征、色彩梯度特征以及纹理梯度特征来检测图像目标的显著性大小。

3.1.1 图像的预处理

对于亮度特征与色彩特征而言，在提取其梯度信息之前要对图像进行色彩空间的转换，以及其各分量的量化预处理。

1. 伽玛校正

在色彩空间转换之前要先将图像进行伽马校正，即对图像每个像素点的每个色彩分量值做γ次方(这里取$\gamma=2.5$)运算，以实现对图像色彩分量的非线性调整，可更加凸显图像各部分的色彩对比差异，减少线性失真，获得较好的显示效果。

2. 色彩空间转换

伽马校正完成之后，根据2.1.1节描述的转换公式(2.2)，将图像由RGB色彩空间转换至Lab色彩空间。经过色彩空间的转换后，得到了图像在Lab色彩空间下的亮度分量L和两个色彩分量a、b，将亮度分量L作为描述图像特征的独立分量，有助于更加全面地提取图像的亮度梯度特征。

3. 归一化处理

在未经归一化处理的Lab色彩空间下，亮度分量的取值范围为[0，100]，色彩分量a和b的取值范围均为[−128，127]，为了便于对这些分量值进行后续的分组处理，要将它们进行归一化，使每个分量的值都分布在区间[0，1]上。对于亮度分量L的归一化而言，用每个分量值与取值区间长度的比值代替该分量值，其中大于等于1的比值取为1，小于等于0的比值取为0。而对于色彩分量的归一化，首先假设a分量和b分量的最大值和最小值是一样的，每个色彩分量值先加上给定的色彩分量最小值的绝对值，然后用其与取值区间长度的比值结果代替原分量值，同样，大于等于1的比值取1，小于等于0的比值取0。归一化处理后，三个分量L、a、b的取值范围均变为[0，1]之间。

纹理特征不同于亮度特征和色彩特征，Lab色彩空间的三个分量不能直接体现出图像的纹理特征，因此在检测纹理特征之前，需要将图像转换成灰度图像，参照 RGB 图像转换为灰度图像的公式：

$$\text{gray} = 0.29894r + 0.58704g + 0.11402b \tag{3.1}$$

其中，gray 为灰度模式下像素点的灰度值，r、g、b 分别为 RGB 色彩空间下像素点的三个色彩分量 R、G、B。采用滤波方法提取纹理梯度特征，详见 3.1.4 节。

3.1.2　亮度梯度特征

在图像的 Lab 色彩空间下，亮度是图像的独立特征分量，经过归一化处理的亮度分量值分布在区间[0，1]，计算亮度梯度时需要考虑两个关键问题，一是梯度的方向，二是梯度算子模板。

为了较为全面地体现图像中某一个点的亮度的梯度，我们可以选取较为典型的 8 个方向(0°、22.5°、45°、67.5°、90°、112.5°、135°、157.5°)，每个方向之间的间隔角度为 $\pi/8$，以及 3 个尺度($r=3$、$r=5$、$r=10$)来计算。

图像中任一像素点计算亮度梯度时，需要利用这一像素点及其邻域像素之间的梯度分布，针对这个特点我们选取最为显著的一个梯度值来代表该点的梯度，一般选取每个方向上 3 个尺度中梯度最大值作为该方向上的梯度。这里我们定义图像中的一个点在某一个方向的亮度的梯度值为亮度梯度值，记为 Brightness Gradient 值。L 分量以二维矩阵的形式来表现原图像的亮度特征，其行数和列数的乘积等于原图像的尺寸。

1. 邻域梯度算子

1）权值矩阵

计算 L 分量的矩阵中每一个像素点的亮度梯度，需要通过邻域梯度算子模板在上述 8 个方向上对图像进行处理，以得到亮度梯度。文献[188]与文献[110]提出的 haar 小波滤波[−1，0，+1]以及 3×3 Sobel 模板或对角线模板在一个方向或水平和垂直两个方向对图像滤波得到梯度，这些算子有时表现一般。因此，本文通过构建一个权值矩阵，设计了一种基于尺度的圆盘算子以划定待求亮度梯度的像素点的邻域范围。

权值矩阵是一个基于尺度的方阵，行数和列数都等于 $2r+1$，记为 Wights〈〉。例如当尺度 $r=3$ 时，权值矩阵为 7×7 的方阵，$r=5$ 时，矩阵为 11×11 的方阵，$r=10$ 时，矩阵为 21×21 的方阵。权值矩阵中的元素非 0 即 1，等于 1 的元素分布在以方阵中心元素 $(r+1, r+1)$ 为圆心，以 r 为半径的圆盘范围内，相当于方形矩阵中的内切圆形状，其余四角元素均为 0。当梯度算子尺度取 $r=3$、$r=5$ 和 $r=10$ 时，分别对应的 Wights〈〉矩阵如图 3.1 所示。

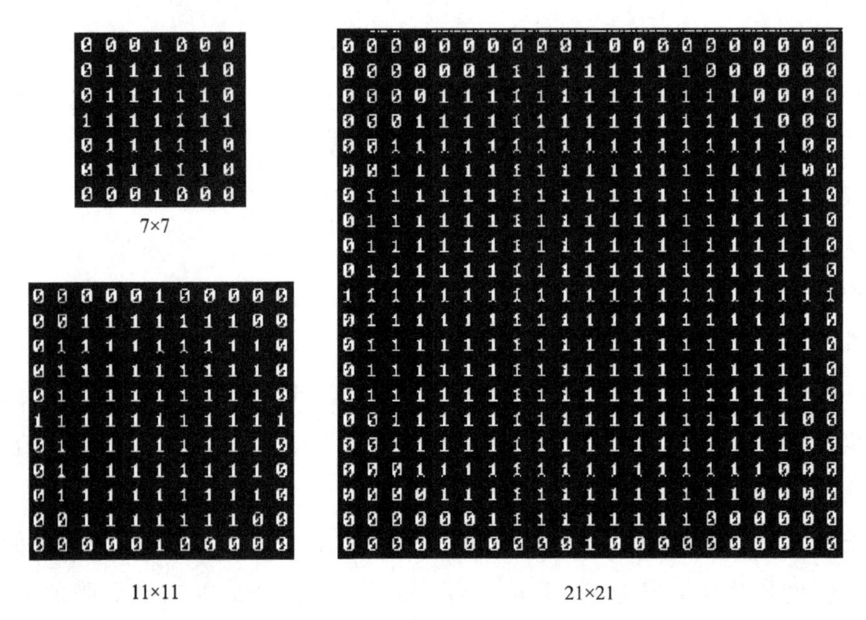

图 3.1　权值矩阵

2）索引地图矩阵

由于亮度梯度 Brightness Gradient 是有方向性的，所以需要在指定的圆盘区域内按照要求的方向数 n_ori 分别计算各方向的亮度梯度。给定的方向数 n_ori 为 8，即需要求 8 个方向的亮度梯度。将圆盘按照八个方向划分，可以得到 16 个扇形区域，每个扇形的角度为 $\pi/8$。求取不同方向的亮度梯度时，只需考虑对扇形区域的加减操作来实现方向的改变。扇形区域的划分，就如同地图一样，将圆盘划分为不同的地区。在运算操作时需要快速实现对分区的定位，所以需要建立圆盘扇区的索引地图矩阵，记索引地图矩阵为 Slice_map〈〉。

索引地图矩阵 Slice_map〈〉在圆盘内划分出的每个小扇形区域的角度是 $\pi/8$，若用角度的叠加指定对应区域，会有索引数字过大或者取整等诸多问题，而采用分区编号的方式则可以较为方便地索引到各分区，将 16 个扇形分区从 0 到 15 编号，以竖直方向沿着中心逆时针旋转 $\pi/8$ 为第 0 分区，依次类推到第 15 分区，共计 16 个分区，编号 0 到 15 为每个分区的索引，每个分区内全部的元素都赋值为编号值。索引地图矩阵 Slice_map〈〉的每个索引数字在矩阵中构成一个近似扇形的区域。在计算 Brightness Gradient 需要改变方向时，可以直接对 Slice_map〈〉矩阵中的元素进行加减索引操作。

如上述权值矩阵 Wights〈〉是以基于尺度 r 的方阵中心为圆心，以 r 为半径的圆盘，相当于方形矩阵中的内切圆；索引地图矩阵 Slice_map〈〉将圆盘划分为 16 个扇形分区，为了方便后续计算，定义索引地图矩阵 Slice_map〈〉也是基于尺度的方阵，并与权值矩阵 Wights〈〉具有相同的维度，即索引地图 Slice_map〈〉矩阵也是行数和列数都为 $2r+1$ 的方阵。当半径 $r=5$ 和 $r=10$ 时得到的索引地图矩阵如图 3.2 所示。

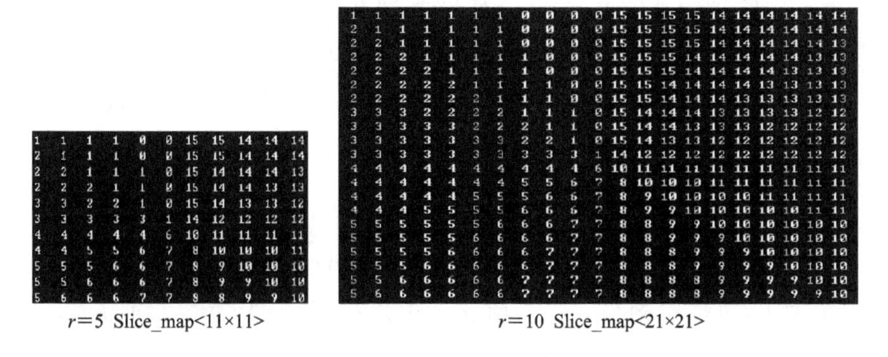

1	1	1	1	0	0	15	15	14	14	14
2	1	1	1	0	0	15	15	14	14	14
2	2	1	1	1	0	15	14	14	14	13
2	2	2	1	1	0	15	14	14	13	13
3	3	2	2	1	0	15	14	13	13	12
3	3	3	3	3	1	14	12	12	12	12
4	4	4	4	4	6	10	11	11	11	11
4	4	5	5	6	7	8	10	10	10	11
5	5	5	6	6	7	8	9	10	10	10
5	5	6	6	6	7	8	9	9	10	10
5	6	6	6	7	7	8	8	9	9	10

$r=5$　Slice_map<11×11>

1	1	1	1	1	1	1	0	0	0	0	15	15	15	15	14	14	14	14	14	14
2	1	1	1	1	1	1	0	0	0	0	15	15	15	15	14	14	14	14	14	14
2	2	1	1	1	1	1	0	0	0	0	15	15	15	15	14	14	14	14	14	13
2	2	2	1	1	1	1	1	0	0	0	15	15	15	14	14	14	14	14	13	13
2	2	2	2	1	1	1	1	0	0	0	15	15	15	14	14	14	14	13	13	13
2	2	2	2	2	1	1	1	1	0	0	15	15	14	14	14	14	13	13	13	13
2	2	2	2	2	2	1	1	1	0	0	15	15	14	14	14	13	13	13	13	13
3	3	3	2	2	2	2	1	1	1	0	15	14	14	14	13	13	13	13	12	12
3	3	3	3	3	2	2	2	1	1	0	15	14	14	13	13	13	12	12	12	12
3	3	3	3	3	3	3	2	2	1	0	15	14	13	13	12	12	12	12	12	12
3	3	3	3	3	3	3	3	3	3	1	14	12	12	12	12	12	12	12	12	12
4	4	4	4	4	4	4	4	4	4	6	10	11	11	11	11	11	11	11	11	11
4	4	4	4	4	4	4	5	5	6	7	8	10	10	10	11	11	11	11	11	11
4	4	4	4	4	5	5	5	6	6	7	8	9	10	10	10	10	11	11	11	11
4	4	4	5	5	5	5	6	6	6	7	8	9	9	10	10	10	10	10	11	11
5	5	5	5	5	5	6	6	6	7	7	8	8	9	9	10	10	10	10	10	10
5	5	5	5	5	6	6	6	6	7	7	8	8	9	9	9	10	10	10	10	10
5	5	5	5	6	6	6	6	7	7	7	8	8	8	9	9	9	10	10	10	10
5	5	5	6	6	6	6	6	7	7	7	8	8	8	9	9	9	9	10	10	10
5	5	6	6	6	6	6	7	7	7	7	8	8	8	8	9	9	9	9	10	10
5	6	6	6	6	6	6	7	7	7	7	8	8	8	8	9	9	9	9	9	10

$r=10$　Slice_map<21×21>

图 3.2　索引地图矩阵

2. 特征直方图

在构建亮度梯度直方图之前，需要对分布在区间[0，1]上的 L 分量值进行一次规范化划分，因为我们无法知分布在区间[0，1]上的 L 分量值有多少个不同的数值道，那么直方图的分组个数也无法获得，而过多或者过少的分组都不能准确地表达图像中某区域亮度的特征。考虑到算法的运算量，本章将亮度划分为25个等级，即25个分组，记为n_bins。将分布在[0，1]上的L分量矩阵元素扩展到区间[0，24]上，即将L分量矩阵的每个元素乘以直方图分组的数目n_bins等于25，结果向下取整；如果处理后的结果等于25.0，则将该结果减去1；经过以上处理之后再将元素放回原位，就得到包含[0，24]之间整数的L分量矩阵，此时的L分量矩阵记为Labels〈〉。

采用上一小节权值矩阵和索引地图矩阵的构建方法，得到邻域梯度算子，并确定Labels〈〉中待求亮度梯度像素点的邻域范围；再采用权值矩阵Wights〈〉和索引地图矩阵Slice_map〈〉对确定的邻域范围进行加权操作，完成对选取邻域区域内接圆盘中各扇区的加权与分区。完成扇形分区加权之后，就得到了确定邻域范围内各点在对应的分扇形区上的梯度直方图统计数据，这些直方图统计数据构成了一个矩阵组，可记为Slice_hist[〈〉]。

直方图Slice_hist[〈〉]矩阵组中有对照圆盘区域内16个扇形分区的16个矩阵：每个矩阵代表窗口矩阵一个扇形分区内的亮度特征分布情况；矩阵中的每个元素代表一个亮度级别在该扇区内出现的次数，在统计学中可以用可视化的直方图图形来表示；矩阵元素的分级个数决定了直方图中分组的个数，而各级别亮度出现的次数是对应的频数，决定了分组直方图的高度。

3. 直方图数据更新

根据亮度特征划分等级，直方图Slice_hist[〈〉]矩阵组中的元素由[0，24]之间的整数构成，在初始状态下矩阵组中的元素值均为零。当求取Labels〈〉矩阵中对应某像素点的亮度梯度时，需要更新直方图来实现。每次对某一像素点为中心的确定邻域范围进行直方图更新时，通常要经过$(2r+1)^2$次循环，每次循环完成确定的邻域范围内一个点的直方图数据更新。

首先，通过改变Labels〈〉矩阵的索引选取确定邻域范围内的一个对应像素点，同时该点确定邻域范围内的元素值决定了所属的亮度分级，由索引地图矩阵 Slice_map〈〉指定所属的扇形分区，在直方图矩阵组 Slice_hist[〈〉]中，该扇形分区元素的分级个数及频次对应 Slice_hist[〈〉]矩阵组中的一个矩阵；再由权重矩阵 Wights〈〉确定该点邻域范围的加权值，对于在有效圆盘区域内的点，给对应矩阵的对应亮度分级处元素值乘以 1；对于圆盘区域外的点乘以 0。更新直方图的过程实现了某一像素点邻域范围内圆盘区域的选取以及圆盘区域的分区界定，最后直方图以圆盘区域分区统计亮度特征的分级和各级别亮度特征的出现频数。

由于圆盘各扇区内亮度特征的随机性，直方图 Slice_hist[〈〉]矩阵组内各矩阵的元素值的范围无法估计，各个元素之间的差别也可能很大，不便于后续的处理，因此需要在计算亮度梯度之前逐一对各直方图矩阵进行归一化处理，使每个矩阵的元素值分布在[0，1]之间，此时的直方图矩阵组可以用于计算亮度特征的梯度。

4. 亮度梯度

根据上述邻域梯度算子与直方图获取的方法，得到某一待求亮度梯度像素点为圆心的邻域圆盘 16 个扇区对应的亮度直方图 Slice_hist[〈〉]矩阵组。我们将圆盘划分成两个相等的半圆，则 16 个扇区被划分成两个半圆区域，假设选取竖直方向的直线作为一条分界线，整个圆盘区域被划分为左半圆和右半圆，划分的左半圆就是第 0 扇区到第 7 扇区，同样右半圆是第 8 扇区到第 15 扇区，每个半圆包含了 8 个小扇形分区，如图 3.3 所示。左半圆相当于直方图 Slice_hist[〈〉]矩阵组前 8 个矩阵对应元素相加得到的矩阵，同样右半圆是矩阵组其他 8 个矩阵对应元素相加得到的矩阵。每个半圆矩阵包含了 8 个扇形分区内各点亮度特征分级的全部数据，即每个半圆都对应各自归一化后的亮度直方图 Slice_hist[〈〉]矩阵组，通过计算两个归一化直方图之间的差异，可以得到圆盘圆心所处位置对应的像素点的亮度梯度。

一般通过计算两个归一化直方图之间的距离，来衡量它们之间的相异性或相似性。根据 2.2.1 节中空间相似性计算模型的研究，以及两个半圆区域所对应的两个直方图具有相同的 bin 数目的特点，我们选择卡方距离(Chi-squared distance)来计算两个归一化直方图之间的差异，得到的

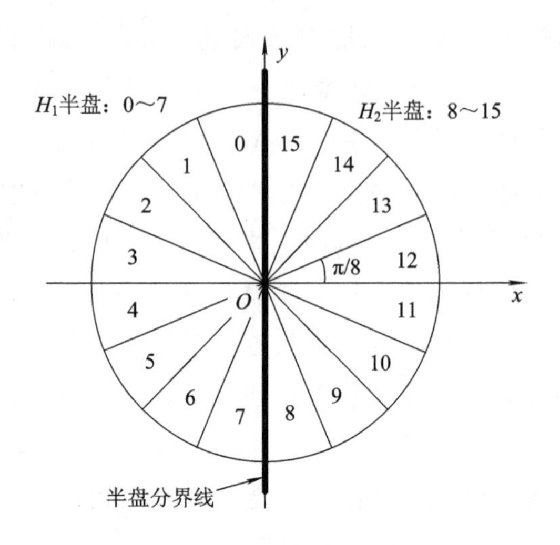

图 3.3 圆盘左右分区示意图

计算结果就是圆心在两个半圆分界线所在方向上的亮度梯度。具体计算公式如式(3.2)所示：

$$d_{\text{Chi\_squared}}(H_1, H_2) = \frac{1}{2}\sum_i \frac{(H_1(i) - H_2(i))^2}{H_1(i) + H_2(i)} \tag{3.2}$$

其中，H_1 代表左边半圆区域所对应的亮度直方图，H_2 代表右边半圆区域所对应的亮度直方图，i 为直方图的 bin 的数目，这里取值为[0，24]，如图 3.4 所示。

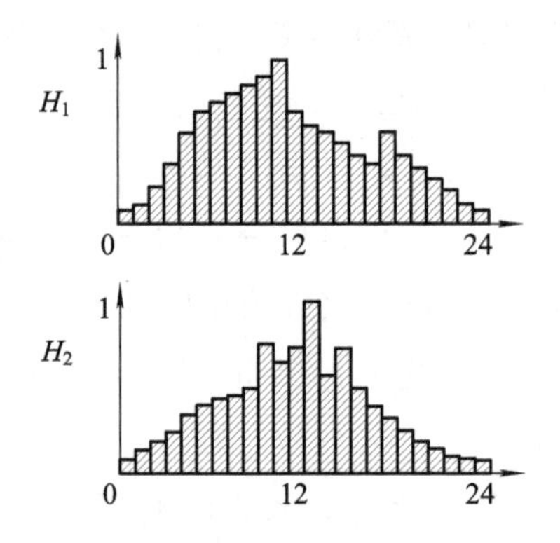

图 3.4 H_1、H_2 直方图示意图

在计算完竖直方向上的梯度后，计算其他方向上的梯度时，需要改

变半圆的分界线的方向，这时只需对半圆分区进行加减扇形分区的操作，即可完成分界线方向的改变。比如左边半圆分区加上第 8 分区，再减去第 0 分区，相反，右边分区加上第 0 分区，再减去第 8 分区，通过这样加减分区就实现了两个半圆的对称线由竖直方向逆时针旋转 $\pi/8$ 的操作，如图 3.5 所示。再次计算出两个半圆的卡方距离，即为第二个方向上的梯度，以此类推可以计算出 8 个方向上的梯度。因此某一像素点的亮度梯度可由式(3.3)表示：

$$f(x,\ y,\ n\_ori;n\_ori = 1,\ 2,\ \cdots,\ 8) \rightarrow \text{Brightness Gradient}(x,\ y) \tag{3.3}$$

式中，f 为一个映射函数，$(x,\ y)$为待求亮度梯度的任一像素点，n_ori 表示选取的 8 个方向。这里 Brightness Gradient$(x,\ y)$为像素点$(x,\ y)$最终求得的亮度梯度，本文选择每个方向在 3 个尺度上的最大值作为该方向上的梯度值，最终求得的梯度为 8 个方向上的梯度和。

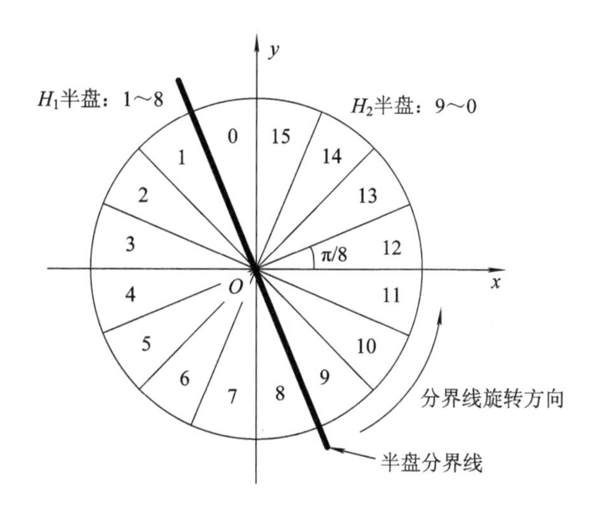

图 3.5 改变圆盘分界线方向示意图

3.1.3 色彩梯度特征

色彩梯度的提取与亮度梯度类似，不同的是色彩梯度分为针对两个色彩分量的梯度，即 Lab 色彩空间下的色彩分量 a 和 b。经过前述的色彩空间转换和归一化处理，已经得到了这两个色彩分量归一化的值，在做直方图统计时，需要对两个色彩分量分别进行分组。对两个色彩分量的分组同亮度分量类似，每个分量分为25个分组，各组的值分布在区间[0，24]内且均为整数，不同的是这里的每个分组代表的不再是亮度级别，而是在一定范围内变化的色彩。

与亮度梯度的计算相同，计算色彩梯度也需要选取邻域梯度算子，差别在于计算色彩梯度时，选取了不同尺度的圆盘算子以划定待求色彩梯度像素点的邻域范围。选取的尺度分别为$r=5$、$r=10$和$r=20$，相应的权值矩阵Wights〈〉和地图索引矩阵Slice_map〈〉变为11×11、21×21、41×41。两个色彩分量梯度的计算和亮度梯度采用相同的计算方法，得到每个像素点在3个尺度8个方向上的色彩梯度，并将每个方向在3个尺度上的最大值作为该方向上的梯度值，最终求得的梯度为8个方向上的梯度和。

3.1.4 纹理梯度特征

图像的纹理特征与色彩特征一样，也是图像的一种全局特征。纹理特征描述了图像所表述内容的外表属性，不同于色彩特征，纹理特征不是基于单个像素点的特征。对于一个像素点而言，它的纹理特征是以该点为中心的邻域的特征，获取纹理特征的运算需要在这个邻域内进行。

根据2.1.1节中纹理特征及其提取方法的研究，本文选择滤波方法和结构方法来计算图像的纹理分布特征，即将以每个像素点为中心的邻域与不同的滤波器组卷积，以获取滤波响应向量以及纹理基元的排列组合规则，根据每个像素点邻域的滤波响应向量的聚类分析结果对像素点的纹理特征进行归类分组，最终提取纹理特征，再通过统计分析获取图像中显著目标物体的形状、布局等信息。

通过3.1.1节中图像的预处理，已经得到检测纹理特征所需的灰度图像，记为I_{gray}。下面将根据给定的参数构建多尺度滤波器集合，记为$\text{Filters}_{(x, y)}[n_f, \text{filter}, r, \theta]$。

滤波器组集合构建之前，先介绍一些关于高斯导数滤波器的概念。生成高斯导数滤波器的函数原型称为高斯核函数(Gaussian kernel)，高斯核函数是各种高斯运算和滤波器的核心算法。高斯导函数包括零阶导数(即高斯函数原型)、一阶偏导数和二阶偏导数。

高斯零阶导数运算公式：

$$G(x, \sigma) = \exp\left(-\frac{x^2}{2\sigma^2}\right) \tag{3.4}$$

高斯一阶偏导数运算公式：

$$G^{(1)}(x, \sigma) = -\frac{x}{\sigma^2}\exp\left(-\frac{x^2}{2\sigma^2}\right) \tag{3.5}$$

高斯二阶偏导数运算公式：

$$G^{(2)}(x, \sigma) = \frac{1}{\sigma^2}\left(\frac{x^2}{\sigma^2} - 1\right)\exp\left(-\frac{x^2}{2\sigma^2}\right) \tag{3.6}$$

本文滤波器组集合以2.1.1节论述的L-M滤波器阵列和MR8滤波器阵列为基础，采用高斯导数滤波器的变形及考虑8个方向上的纹理特征构建而成，即将一个中心环绕滤波器(Gaussian_cs⟨⟩)与8组高斯二阶偏导滤波器(fil_1⟨⟩)及其希尔伯特变换fil_2⟨⟩得到，如式(3.7)、式(3.8)、式(3.9)所示。

3个尺度的中心环绕滤波器：

$$\text{Gaussian\_cs}\langle\rangle = m\_\text{surround}\langle\rangle - m\_\text{center}\langle\rangle \tag{3.7}$$

8个方向3个尺度的高斯二阶偏导滤波器(bar滤波器)：

$$f_1(x, y) = \frac{\mathrm{d}^2}{\mathrm{d}y^2}\left(\frac{1}{C}\exp\left(\frac{y^2}{\sigma^2}\right)\exp\left(\frac{x^2}{l^2\sigma^2}\right)\right) \tag{3.8}$$

8个方向3个尺度的高斯二阶偏导希尔伯特变换后的滤波器：

$$f_2(x, y) = \text{Hilbert}(f_1(x, y)) \tag{3.9}$$

滤波器组集合中的中心环绕滤波器没有方向性，是环绕滤波器和中心滤波器之差。环绕滤波器和中心滤波器都是高斯二阶偏导滤波器，它们类似于二维高斯核函数的运算结果，而中心滤波器采用的标准差为σ/S(比例因子S同样取3.0)。中心滤波器较小的标准差导致二维高斯核函数的分布曲面的中心波峰较为陡峭，而环绕滤波器的中心波峰较为平缓，这也是二者的主要区别，二者之差在空间坐标的分布是一个中心凹陷、中心周围上扬的曲面。

8组高斯二阶偏导滤波器及其希尔伯特变换滤波器中，分别对应的标准差 σ 值为2和 $2\sqrt{2}$，从而构造差异化的滤波器。高斯二阶偏导滤波器实质上是一个二维矩阵，而采用高斯核函数的导数进行运算只能得到一维数据。滤波器矩阵的构造采用一个标准差 σ 值获得两个一维的数组，其中一个高斯运算的标准差采用 σ，且不进行求导运算；另一个运算过程采用 σ/S(其中 S 为比例因子，可取3.0)，进行二阶求导运算；两个一维数组的乘积即为所需的二维滤波器矩阵。高斯二阶偏导的希尔伯特变换是在第二个一维数组的构造中增加了希尔伯特变换，希尔伯特变换在高斯二阶导数运算之前进行。8组高斯二阶偏导滤波器及其希尔伯特变换滤波器的方向差异通过对所得二维矩阵的旋转来实现。在构建滤波器集合的过程中，方向的调整是通过对二维的高斯核函数的参数调整以及运算结果的旋转实现的。

根据上述内容，得到滤波器组集合共包含了51个各不相同的滤波器，如此大规模的滤波器集合可以在获取滤波响应时提供更多的滤波响应向量，但同时也大大增加了对滤波响应分类识别的工作量，因此采用聚类分析的方法对滤波响应向量进行聚类。本文算法通过图像库图像训练学习的方法确定初始值 K 和纹理基元，然后将测试图像采用 K 均值聚类后的滤波响应向量进行纹理基元的标号分组，统计得到测试图像的纹理特征。

完成分组之后，纹理特征的直方图统计和纹理梯度的计算与亮度梯度的计算方法类似，不同的是，计算纹理直方图时选取的尺度是 $r=5$、$r=10$ 和 $r=20$。

3.1.5 图像的边界镜像

图像边界镜像，顾名思义就是在图像的边界附近向外扩展一定数目的像素点，这些扩展的像素点是图像中的像素点以边界为对称轴的对称点，对称的两个像素点是相同的，扩展的边界就像镜子一样，映射出边界附近的图像。本文算法选取30个像素点的镜像宽度，既能够保证运算结果质量，又不至于额外增加运算量。

图像的边界镜像可以有效地提高对原图像特征梯度计算的效果。对于原图像中垂直或接近垂直于图像边界的物体轮廓，由于镜像的作用得以向扩展部分延续；对于平行或接近平行于图像边界的物体轮廓，会有一定程度的削弱；整体来看能够有效地减少干扰信息对原图像每一部分特征梯度运算的影响。计算出特征梯度之后，将扩展的边界按照扩展的尺寸裁剪，即可得到原图像较为精确的特征梯度信息。

3.2　基于多示例学习的显著性检测

目前的显著性检测大多都是基于非监督的模型，即对于给定的输入图像，用预先设计好的模型去计算显著度图。不论输入图像属于什么类别，有何特殊之处，显著性检测都不加区分地对待。这种类型的操作策略导致所设计的算法对特定种类的图像缺乏适应能力，并不能很好地反映图像的特点，因此，赋予显著性检测算法一定的学习能力，使其能自适应地根据训练图像的特点学习出适合此类图像的模型，是显著性检测中面临的一个重要问题。

虽然目前已有少数基于学习的显著性检测算法被提出，比如Judd等人用SVM分类器学习视觉关注点的分布，但其用于训练的参考样本是基于眼动数据的注视点转移图，这在很多情况下不能满足实际需求(更多的情况需要稠密的显著度图)[189]。Liu等人用条件随机场CRF来学习显著性检测模型，但是学习过程中并没有用到高层图像特征，而且参考标注结果是在矩形框的基础上进行的(比实际显著目标要大)，这就导致模型训练不准确[23]。基于这些考虑，我们将显著性检测用多示例学习(multiple instance learning)的方法来建模，下面简要给出多示例学习的定义。

传统的监督学习算法根据有标记的训练样本$\{\langle x_1, y_1\rangle, \langle x_2, y_2\rangle, \cdots, \langle x_n, y_n\rangle\}$来进行学习，其中$x_i$为示例，$y_i \in \{-1, 1\}$为正负标记。在多示例学习中，训练样本为$T=\{\langle B_1, l_1\rangle, \langle B_2, l_2\rangle, \cdots, \langle B_n, l_n\rangle\}$，其中$B_i$为训练包，$l_i \in \{-1, 1\}$为正负标记。多示例学习的目的就是根据训练集$T$确定模型的参数，然后预测测试样本中每个包和示例的标记。假设T为第i个训练包中的第j个示例，l_{ij}为其对应的标记。测试样本的包的标记被定义为式(3.10)，即

$$l_{ij} = \max_j l_{ij} \tag{3.10}$$

其中，l_{ij}就是根据学习模型学习到的示例标记。

显著性检测的任务正好可以看做是一个多示例学习的问题。在显著性检测中，为了得到更加一致的结果，通常用区域作为处理单元。首先将图像分割为若干区域并在区域内采样，每个区域被当作一个包(bag)，区域内的采样点被当作示例(instance)。每个区域的标记通过其内部包含的样本的性质来决定。其次，更多的图像特征被用于学习模型的建立，包括3.1节中研究提取的底层特征以及2.1.2节中所列出的轮廓特征，如本文使用文献[165]所提出的轮廓提取算法。我们的假设是，更多的特征将为显著性检测提供更有利于决策的支持。

上文介绍了多示例学习的基本概念和思路，但对于如何学习却有不同的方法。本章主要阐述下述四种算法。

3.2.1 Bag-SVM 算法

2003年，S. Andrews等人对SVM(支持向量机算法)进行了扩展，将最大化分类超平面的思想引入到多示例学习问题中。其本质思想是从包的角度进行分析，将标准SVM(支持向量机算法)的最大化样本间距扩展为最大化样本集间距，通过寻找对包的最优分类超平面来解决多示例学习问题。算法目的是要确保正样本中有正，负样本不能为正。具体来说，就是选取正包中最像正样本的样本作为训练样本，正包内的其他样本暂

时不作处理；取负包中离分界面最近的负样本作为训练样本。这样，就将基于包的多示例学习问题转换到了求解标准支持向量机的问题上来。在具体实现时，定义离分界面最远的样本为最大正样本，离分界面最近的样本为最小负样本。由此可得到任意负样本的定义如式(3.11)所示：

$$
\begin{aligned}
&\min_{\{w,\ b,\ \xi\}} \frac{1}{2}\ \|w\|^2 + C\sum_I \xi_i \\
&\text{s.t. } \forall\ I: Y_i \max_{i\in I}(\langle w,\ x_i\rangle + b) \geqslant 1 - \xi_I,\ \xi_I \geqslant 0 \\
&-\langle w,\ x_i\rangle - b \geqslant 1 - \xi_I,\ \forall\ i \in I
\end{aligned}
\tag{3.11}
$$

Bag-SVM 方法的最大化最优超平面 margin 是基于单个包的，它认为包的类标签应等于包内正概率最大的样本，因此算法会选择包中概率最大的示例特征作为包特征。显然，这种算法依赖于单个示例特征，而对于复杂图像则难以由单个示例捕获。

3.2.2 Ins-SVM 算法

Ins-SVM 算法是从样本的角度出发，并采用 SVM(支持向量机算法)解决多示例学习问题。但是，Ins-SVM 算法在标准 SVM 基础上加入了对包标签的约束(即正包中应含有一个以上的正样本，而负包中应全是负样本)。基于样本及支持向量机的多示例学习方法的目标函数为

$$
\begin{aligned}
&\min_{\{y_i\}}\min \frac{1}{2}\|w\|^2 + C\sum_i \xi_i \\
&\text{s.t. } \forall_i(\langle w,\ x_i\rangle + b) \geqslant 1 - \xi_i,\ \xi_i \geqslant 0,\ y_i \in \{-1,\ 1\} \\
&\sum_{i\in I} \frac{y_i + 1}{2} \geqslant 1,\ \forall I \quad \text{s.t. } Y_I = 1,\ \text{and } y_i = -1,\ \forall I \quad \text{s.t. } Y_I = -1
\end{aligned}
\tag{3.12}
$$

由 Ins-SVM 算法的目标函数可以看出：其定义域并不是凸的，因此，我们在用 Ins-SVM 算法求解多示例学习问题时，极易得到局部最优解，而不是全局最优解。图 3.6 示例了此分类算法。

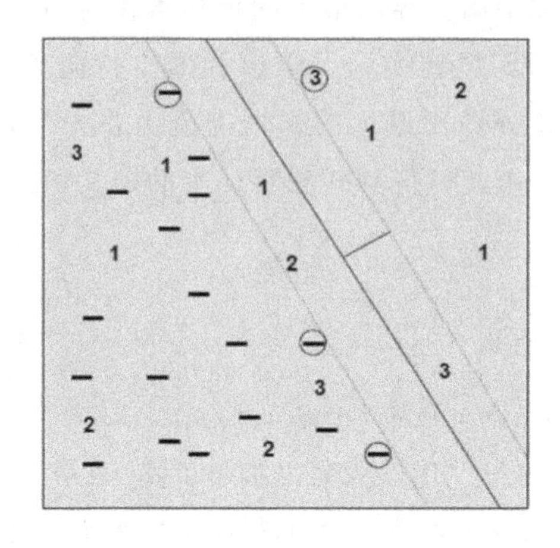

图 3.6 基于 SVM 分类器的多示例学习方法

3.2.3 APR 算法

Dietterich 等人通过对属性值进行选取，在特征空间寻找合适的轴平行矩形(axis-parallel hyper-rectangle)来找到两类样本的分界面[88]。如图 3.7 所示，图中同样颜色和形状的点表示同一个包中的示例，白色表示正包，黑色表示反包。首先，算法找出一个包含所有正包示例的轴平行矩形，如图 3.7 中的实线所示。对于该矩形所包含的每一个反包示例，图中

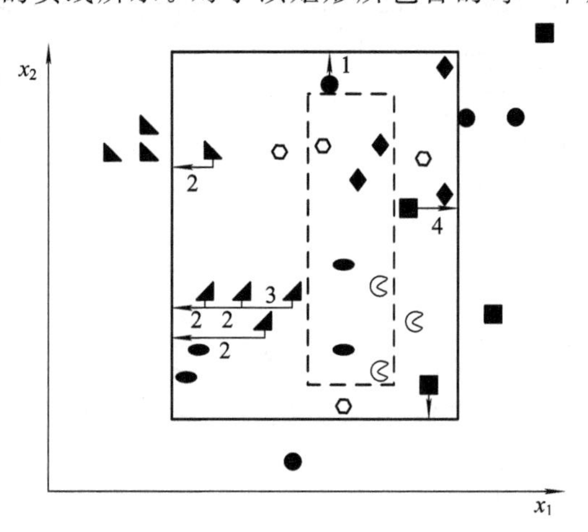

图 3.7 APR 算法原理示意图

都标出了为了通过收缩矩形的边界将其排除所需付出的代价，即所需附带排除的最少的正包示例数。APR算法就根据这些代价，贪心式地逐渐缩小矩形，从而得到图中虚线所示的结果。最后，算法通过矩形边界上对应的相关属性，确定最后的特征分界面。

3.2.4 EMDD算法

在Dietterich等人的工作成果发表后不久，Maron和Lozano-Perez就提出了多样性密度(Diverse diversity，DD)算法[89]。在他们的定义中，属性空间中某点附近出现的正包数越多，出现的反包示例越远，则该点的多样性密度越大，如图3.8所示。

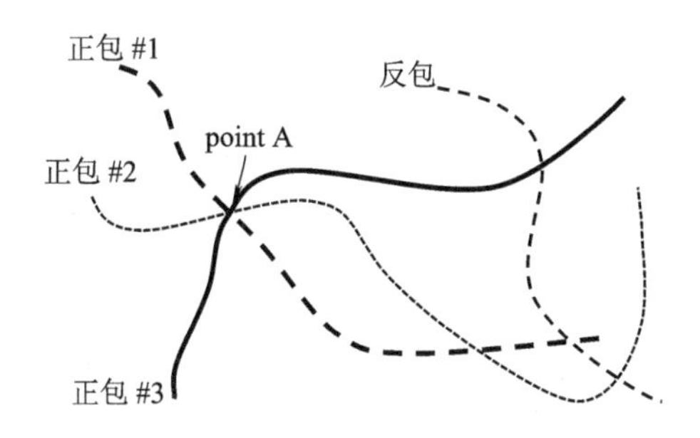

图3.8　DD算法原理示意图

随后Zhang和Goldman提出了EMDD算法[90]，本文就是采用EMDD算法实现对训练集的学习。EMDD算法是将期望最大(EM)算法与多样性密度(Diverse Density DD)算法相结合提出的一种多示例学习算法。令B_i^+表示第i个正包，B_{ij}^+表示第i个正包的第j个示例，B_{ijk}^+表示第i个正包的第j个示例的第k个属性值；类似地，令B_{ijk}^-表示第i个反包的第j个示例的第k个属性值；再令t代表属性空间中多样性密度最大的点，即目标特征，则可通过最大化$P_r(x=t|B_1^+,\cdots,B_n^+,B_1^-,\cdots,B_m^-)$来确定$t$。假设各包独立，则根据Bayes理论，可通过式(3.13)确定t。

$$\underset{x}{\operatorname{argmax}}\prod_i P_r(x=t|B_i^+)\prod_i P_r(x=t|B_i^-) \tag{3.13}$$

Maron和T.L对式(3.13)中乘积项进行例化得：

$$P_r(x=t|B_i^+) = 1-\prod_j(1-P_r(x=t|B_{ij}^+)) \quad (3.14)$$

$$P_r(x=t|B_i^-) = 1-\prod_j(1-P_r(x=t|B_{ij}^-)) \quad (3.15)$$

同时，将示例出现在潜在目标处的因果概率定义为该示例与潜在目标之间的距离，即

$$P_r(x=t|B_{ij}) = \exp(-\|B_{ij}-x\|^2) \quad (3.16)$$

在此基础上，DD算法使用梯度下降法来寻找最大多样性密度点 t，由于多样性密度空间中存在多个局部极小值，因此，要将每一个正包示例都作为初始点进行一次搜索。上述做法还可以用来挑选相关属性，即如果用权 s_k 来表示第 k 个属性的相关度，则式(3.16)中的距离为

$$\|B_{ij}-x\| = \sum_k s_k(B_{ijk}-t_k)^2 \quad (3.17)$$

引入EM算法后，通过EM算法来估计每个包中对包的标记起决定作用的示例。概念点初始值 t 可由DD算法得到，接下来在E步，用当前假设的概念 t 来估计出各训练包标记为正的训练示例；然后在M步，对这些训练示例使用DD算法以最大化多样性密度得到新的概念点 t'；再用新的概念点 t' 取代E步骤中的 t 反复进行E步和M步，直到收敛为止。EMDD算法大大降低了寻优复杂度和计算量，有效地避免陷入局部极值点。

为了用上述四种算法进行多示例学习，我们用200幅图像作为训练样本，这些图像都有人工标注的参考显著性勾画结果，因此，可以进行有监督的多示例学习。首先，用超分割方法分割图像得到一系列小的分割区域，每个区域作为一个训练包，再在每个训练包内选取一些特征点作为示例，每个示例都用其相应的特征向量进行表示。在特征提取和表达的过程中，我们使用了底层、中高层的特征，上文已经详细叙述。

3.3 基于多示例学习的显著性检测实验结果分析

3.3.1 实验结果对比分析

为了验证算法的有效性，本章在公开数据库上进行了大量实验。目

前有三个公开的数据库比较流行：第一个是 Hou 等人建立的数据库，但此数据库总共只有 62 幅图像，并且所含图像种类也非常有限[190]。第二个是 Liu 等人建立的数据库，此数据库虽然包含上万幅图像，但其手工标注的参考显著性结果是矩形框[191]，这样的标注一般比实际的显著目标物要大，会导致模型学习的不准确。第三个数据库是 Achanta 等人建立的数据库，此数据库包含 1000 幅图像，每幅图像都有手工标注的显著性参考结果[192]。第三个数据库包含的图像数目较多，而且手工标注结果比较精确，因此得到了广泛的应用。本文选择第三个数据库作为实验对象，其中 200 幅图像为训练图像，800 幅图像为测试图像。

为了定量描述实验结果的优劣，使用查准率(Precision)、查全率(Recall)、F 值(F-measure)作为评价指标。关于具体的计算方式，通过图 3.9 进行解释。

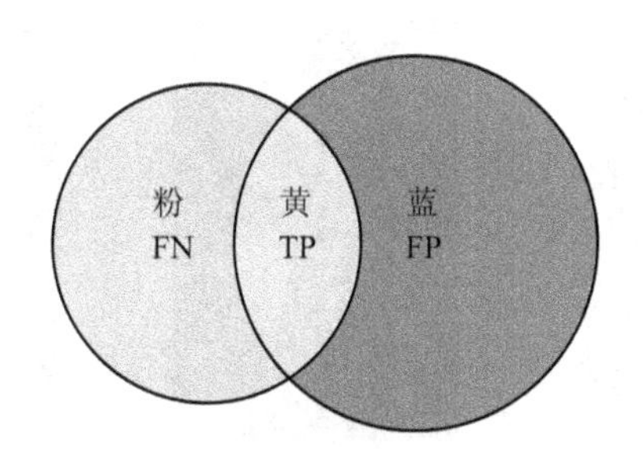

图 3.9　评价指标解释图

图 3.9 中，粉色圆形区域表示基准分割目标结果，蓝色圆形区域表示测试算法实际分割目标结果，黄色区域表示基准分割目标结果和实际分割目标结果相同的部分。TP 表示像素点既属于基准分割目标结果又属于实际分割目标结果的集合，FP 表示像素点属于实际分割目标结果而不属于基准分割目标结果的集合，FN 表示像素点属于基准分割目标结果而不属于实际分割目标结果的集合。

查全率定义为 $P=\mathrm{TP}/(\mathrm{TP}+\mathrm{FP})$，用来评估实际分割结果相对理想分割结果的准确率；查准率定义为 $R=\mathrm{TP}/(\mathrm{TP}+\mathrm{FN})$，用来表示实际分割目标结果占理想分割结果的比例。$F$ 值是通过融合查准率与查全率两种评价方法进行的综合评价分析，定义为 $F\text{-measure}=PR/[(1-\alpha)\times$

$P+\alpha\times R$]，参照文献[165]将其设为固定的常数0.5。

下面选择目前比较流行的几种算法AC[193]、CA[194]、FT[195]、GB[196]、HC[197]、IT[1]、LC[198]、MZ[199]、SR[190]作为比较算法。这些算法代表了显著性检测中的不同技术并被广泛引用，其实现代码也由作者公开发布。部分图像的显著性检测结果对比图如图3.10所示。

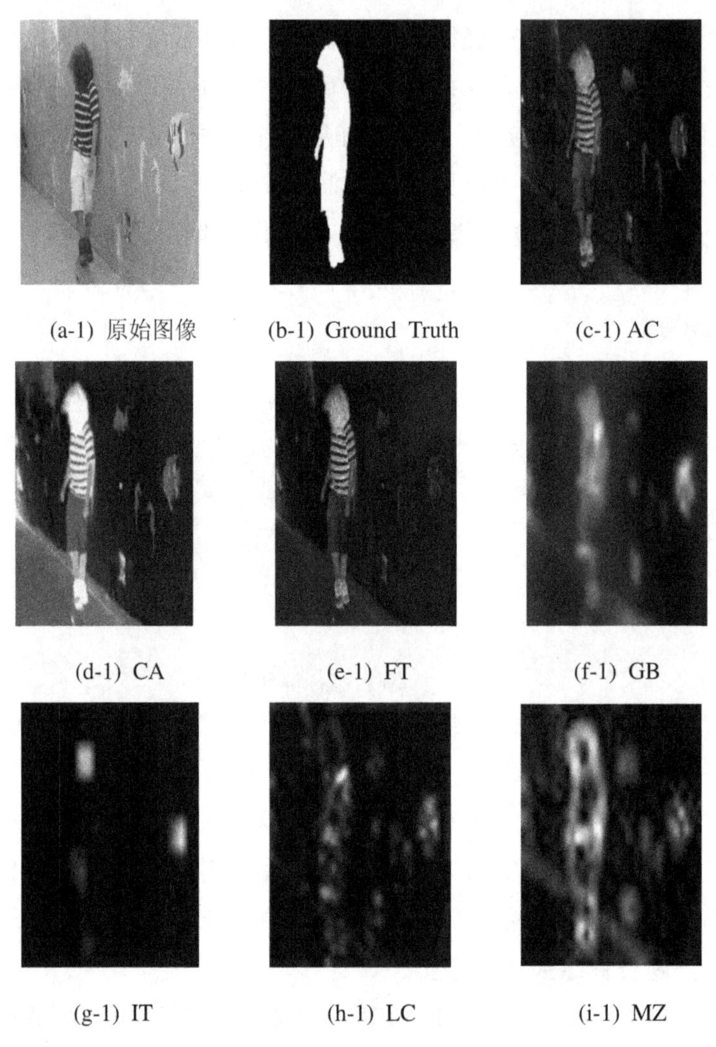

(a-1) 原始图像　(b-1) Ground Truth　(c-1) AC

(d-1) CA　(e-1) FT　(f-1) GB

(g-1) IT　(h-1) LC　(i-1) MZ

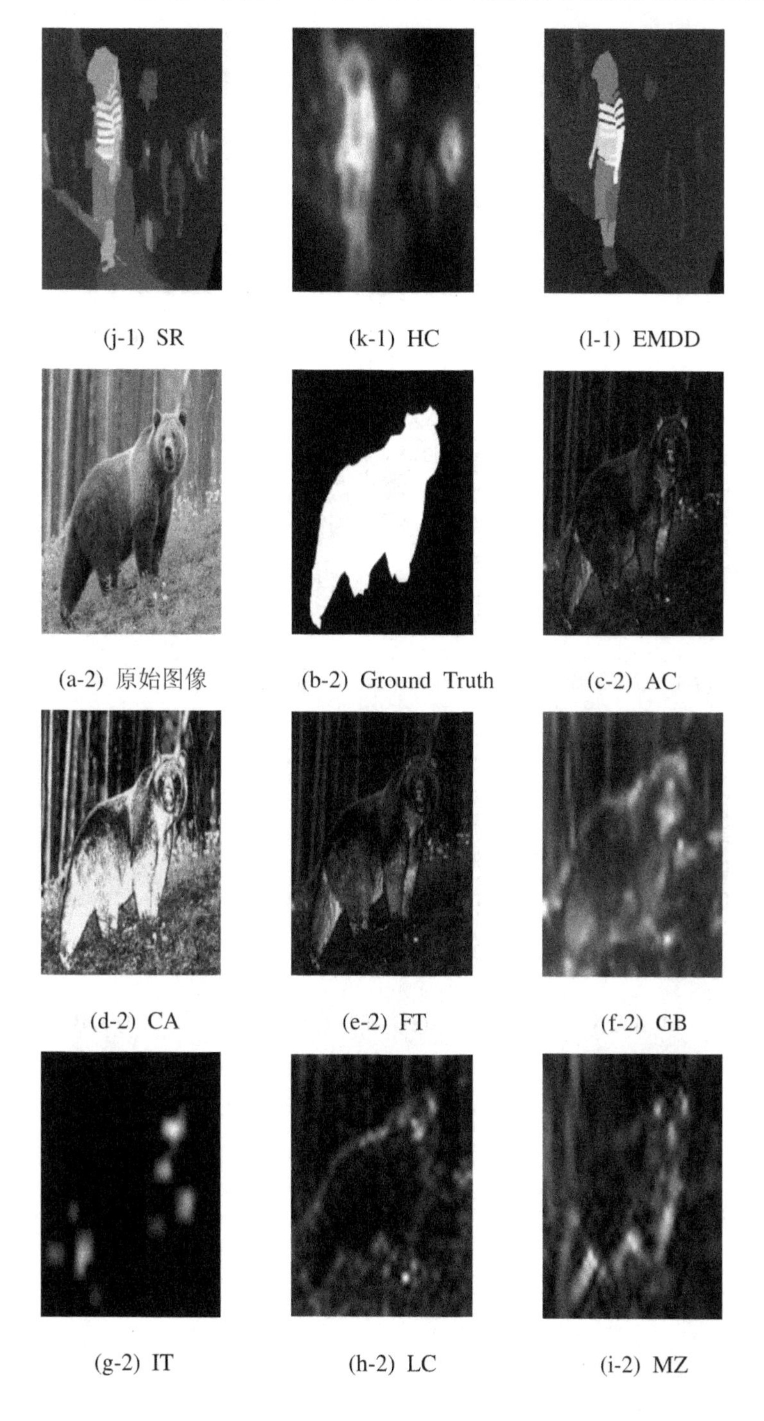

(j-1) SR　(k-1) HC　(l-1) EMDD

(a-2) 原始图像　(b-2) Ground Truth　(c-2) AC

(d-2) CA　(e-2) FT　(f-2) GB

(g-2) IT　(h-2) LC　(i-2) MZ

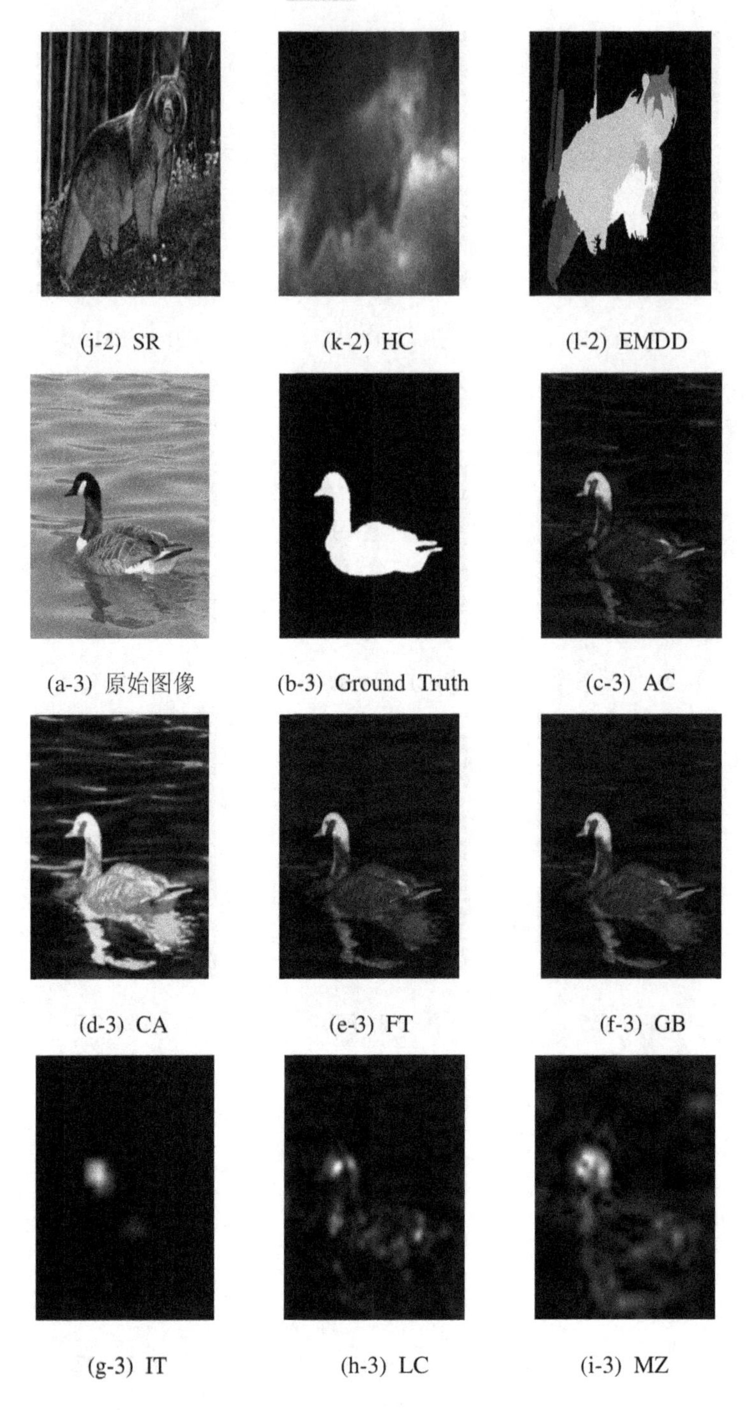

(j-2) SR (k-2) HC (l-2) EMDD

(a-3) 原始图像 (b-3) Ground Truth (c-3) AC

(d-3) CA (e-3) FT (f-3) GB

(g-3) IT (h-3) LC (i-3) MZ

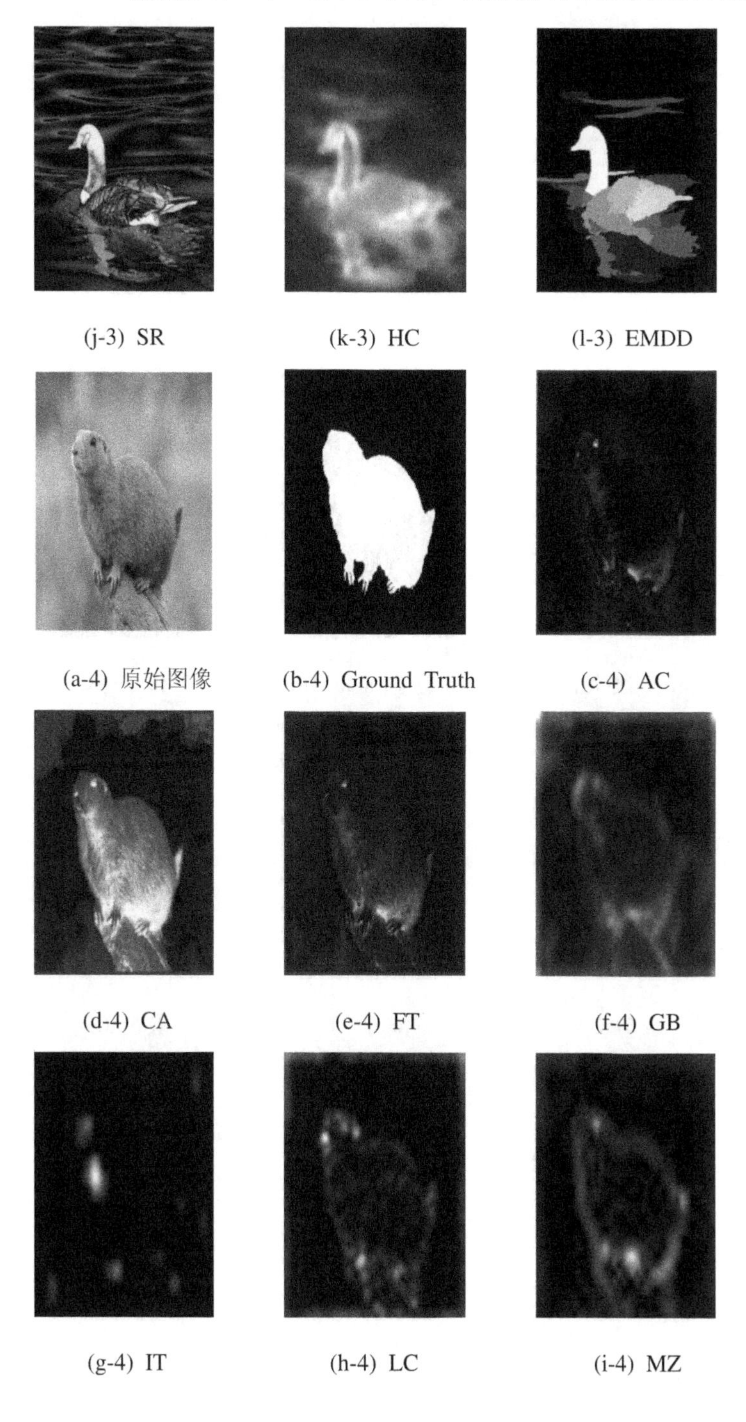

(j-3) SR　(k-3) HC　(l-3) EMDD

(a-4) 原始图像　(b-4) Ground Truth　(c-4) AC

(d-4) CA　(e-4) FT　(f-4) GB

(g-4) IT　(h-4) LC　(i-4) MZ

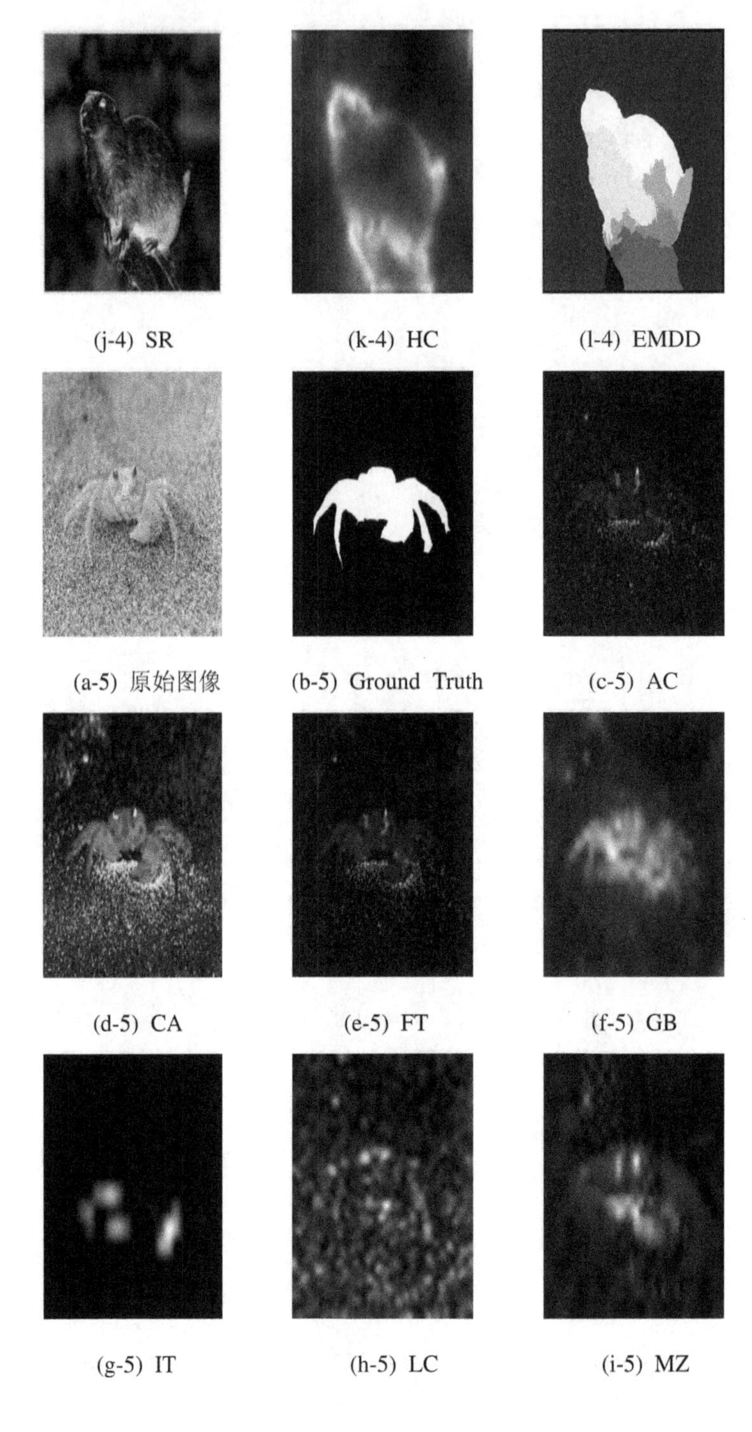

(j-4) SR (k-4) HC (l-4) EMDD

(a-5) 原始图像 (b-5) Ground Truth (c-5) AC

(d-5) CA (e-5) FT (f-5) GB

(g-5) IT (h-5) LC (i-5) MZ

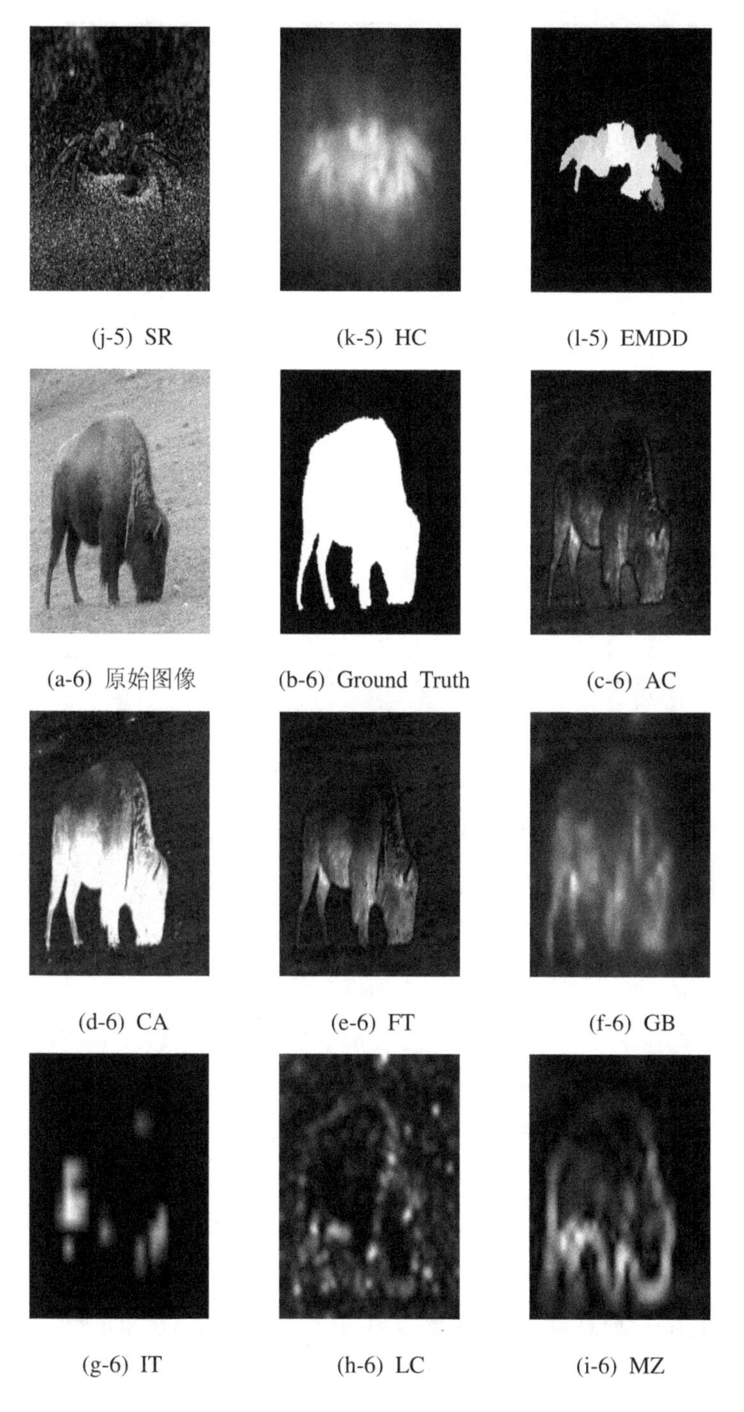

(j-5) SR (k-5) HC (l-5) EMDD

(a-6) 原始图像 (b-6) Ground Truth (c-6) AC

(d-6) CA (e-6) FT (f-6) GB

(g-6) IT (h-6) LC (i-6) MZ

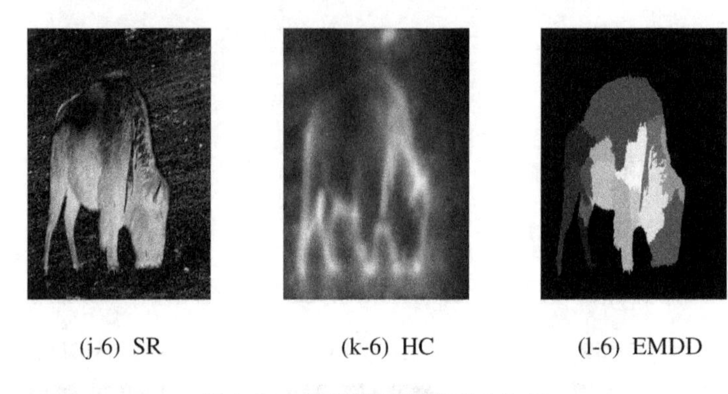

(j-6) SR (k-6) HC (l-6) EMDD

图 3.10 显著性检测结果对比图

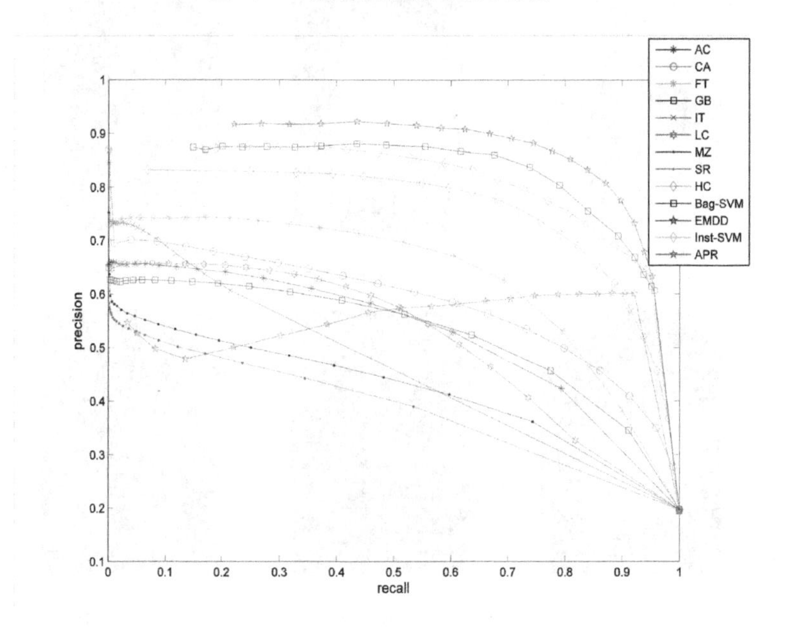

图 3.11 基于 P－R 曲线的显著性检测结果

采用上述评价指标来分析各对比算法的分割结果。图 3.11 给出了不同算法基于 P－R 曲线的显著性检测结果，图 3.12 给出了基于 P－R－F 柱状图的显著性检测结果。从图中可以看出，本文提出的基于 EMDD、Bag-SVM 和 Inst-SVM 显著性检测算法要优于其他 9 种算法。对于同样的查全率，上述三种算法的查准率要高于其他算法；反之亦然。APR 算法的表现并不突出，但对于平均 F 值的柱状图，其结果却优于大多数算法。

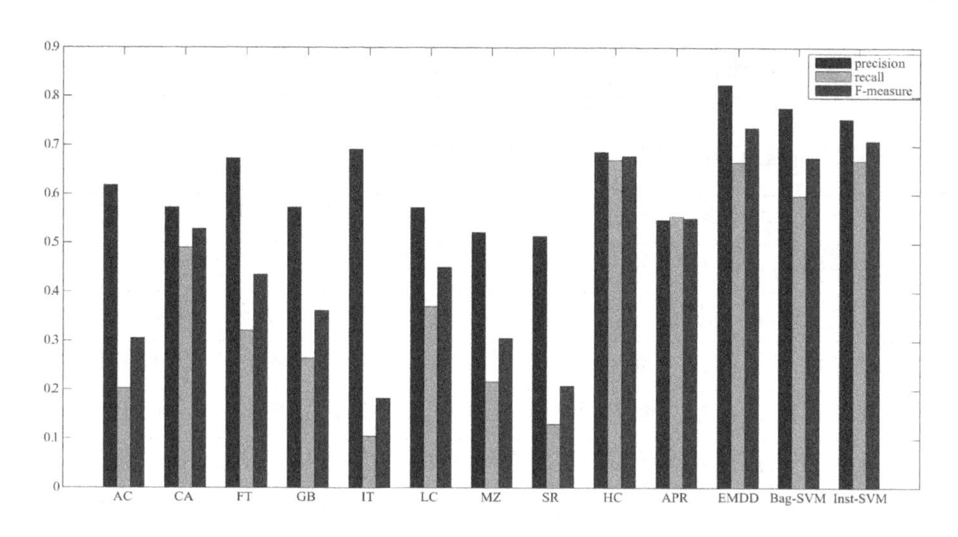

图 3.12　基于 P-R-F 柱状图的显著性检测结果

APR 算法的如此表现和其本质密切相关，该算法在运行过程中，试图寻找一个只包含正包的矩形分界面，但是并非所有的样本分布都满足这一条件，如果数据分布正好能局限在这样一个超矩形内，那么 APR 算法将取得很好的结果；反之，APR 算法的结果将不能令人满意。本章实验中涉及的多特征向量数据正好无法满足这一条件，故其结果不是很理想。

从另一方面来讲，基于 SVM 的方法将特征向量投射到另外一个特征空间，并寻找具有最大间隙的分类面，这就使得原始空间中不能很好分开的特征点在变换后有可能很好区分。EMDD 算法将多示例转换为单示例，这不仅提高了运算速度，也会避免陷入局部最优解。APR 算法是最早提出用于多示例学习的算法，其算法设计尚未完善，局限性很大。而基于 SVM 和 EMDD 的算法是在总结之前算法不足的基础上提出的，其对不同数据的适应性要优于 APR 算法，因此算法结果也更稳定。

至于算法的速度，基于 APR 与 EMDD 的显著性检测算法的训练学习时间要远少于基于 Bag-SVM 与 Inst-SVM 的显著性检测算法的学习时间。综合上述因素，基于 EMDD 的显著性检测算法是最佳选择。从图 3.10 可以看出，基于 EM-DD 的显著性检测算法产生的显著性检测结果，其目标-背景具有更大的区分度，目标内部的显著度也更趋于一致。

3.3.2 算法性能对比分析

1. 不同特征的作用

实验中，本文用了不同的图像特征组合成特征向量，但究竟哪种特征起主导作用，是其中的一种还是它们的组合？为了回答这个问题，我们对底层、中层、高层的图像特征及其组合分别进行实验，以验证本章所提出的多种特征的组合是否最佳。实验结果在所提出的四种算法上进行平均以获得统计指标，图 3.13 给出了实验结果。从图中可以看出，单独使用某种图像特征或将两种特征进行组合，其结果都不是非常理想，将三种特征联合使用，算法才能达到最好的性能。这说明了本章提出的算法能很好地融合不同层次的特征来进行显著性检测，单独的特征只能反应某一方面信息，而综合各种特征则能为算法决策提供更多的信息支持。

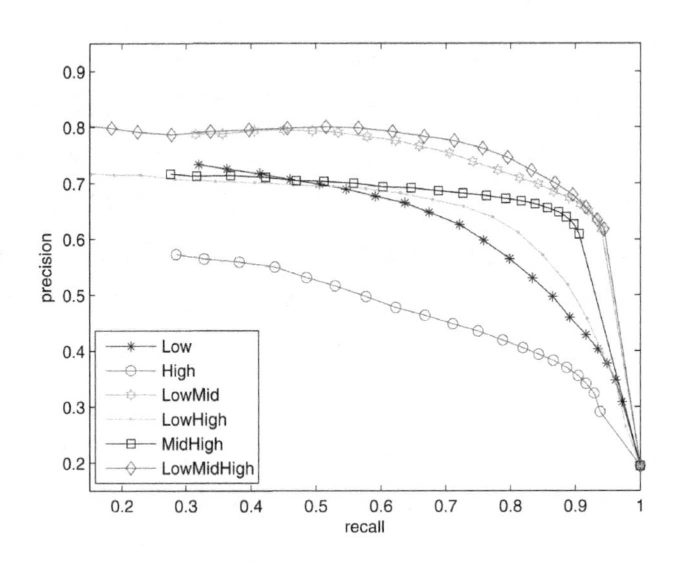

图 3.13 不同特征下的算法性能比较

图 3.13 中还有一点需要进一步进行讨论，那就是单独使用高层特征进行显著性检测的结果要差于其他特征组合，这并不表示高层特征没有效果，而是高层的图像特征并没有得到很好的表达和利用。尽管本章尝

试用边界信息来建模人眼视觉系统对图像的理解，但这样的高层知识还远未完善，因为对高层知识的表达和建模本身就是一项极具挑战性的任务。

2. 对噪声的敏感程度

为了验证本章提出的算法对噪声的鲁棒性，我们也进行了高斯白噪声下的对比实验。将 20 dB 和 60 dB 的高斯白噪声分别加入到图像中的一个颜色通道，然后比较其在有噪声和无噪声图像上的实验结果。图 3.14 示例了添加噪声后的图像，可以看出原始图像添加噪声后的质量出现了明显的下降。图 3.15 为添加噪声前后的 F 值统计比较，其反映的是 F 值差异的分布情况。每个矩形框的中心红线表示 F 值的平均差异，下边界表示 1/4 分位数，上边界表示 3/4 分位数，红色的星号点表示外点。除了 SR 算法的平均差异略微偏移较大以外，其他算法的平均差异都在零点附近。总的来说，这些算法对噪声的干扰都体现出了较强的鲁棒性，但是 CA 和 HC 算法对应较大的矩形框，说明加噪声前后，F 值的方差较大。AC、FT、GB 和 MZ 算法有更多的外点，意味着这几个算法相对来说更不稳定。IT、LC 和基于 APR 算法有些偏移零点，基于 EM-DD、Bag-SVM 和 Inst-SVM 的显著性检测算法性能较好。

图 3.14　给一个颜色通道添加高斯白噪声的图像

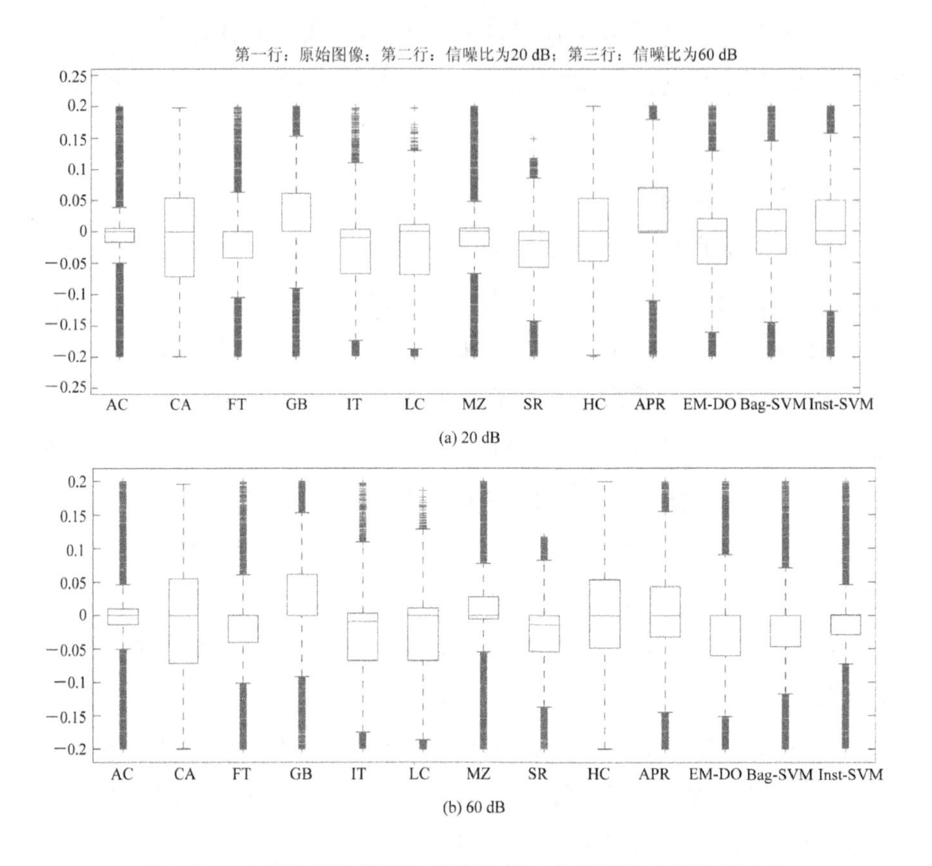

图 3.15　在有噪声图像和无噪声图像上的显著性检测结果对比

3.4 本章小结

针对目前显著性检测大多基于非监督模型，对特定种类的图像缺乏适应能力，不能很好地反映图像特点等不足，本章提出了一种基于多示例学习的图像目标显著性特征检测方法。首先，详细论述了本章算法中图像亮度梯度特征、色彩梯度特征、纹理梯度特征的检测方法，并将这些特征用于学习模型的建立。其次，深入研究了四种多示例学习的方法，将多示例学习引入到图像显著性检测中，通过超分割方法将图像分割为若干区域并进行采样，每个区域作为一个包，区域内的采样点作为示例，根据训练图像的特征确定学习模型的参数，再对测试图像中的每个包与示例的标记进行预测，最终得到测试图像的显著度图。再将这四种基于多示例学习的显著性检测方法与目前比较流行的几种显著性检测方法进行显著性检测结果的对比分析与定量评价。最后，实验证明本章算法从训练图像中学习到的显著性检测模型具有很强的适应性，大量的实验结果也验证了算法的有效性和鲁棒性。

第四章 基于图割优化的显著性目标分割方法

本文在绪论部分对基于图论的图像分割方法进行详细地研究与总结，本章涉及的基于图论的图像分割方法是绪论中第二种基于代价函数的图割方法。基于代价函数的图割方法有多种，如最小割方法、平均割方法、比例割方法与归一化割方法等。本章重点研究了文献[200]提出的基于归一化割的自适应图像层次分割方法(HASVS)，该方法是基于代价函数的图割方法中最为著名的方法之一，它利用图像粗化与聚类分析实现了图像的层次分割，很好地解决了归一化割算法的计算复杂度随图像尺寸而指数增加的难题，但该方法仍然具有图论分割方法的分割效率与全局分割的局限性问题，因此，本章提出了一种基于多示例学习与图割优化的图像显著性目标分割方法，通过图像库的大量实验证明，该方法有效地解决了基于图论的分割方法的分割效率与局部分割精度的问题。

归一化割(Normalized Cut，NCUT)算法在 1.2.2 节中已经详细地阐述过，该算法是一种无监督的图像分割方法，它将经典的图像分割问题转化为了基于图论的分割问题；而且是一个全局优化的分割准则，分割结果不会倾向于孤立的一些点或者一些小区域；能够同时满足类间相似度最小，类内相似度最大。但是该算法的计算量比较大，已被证明是个NP-hard 问题，常常利用谱方法来求解归一化割代价函数所表示的广义特征系统的次优解，即第二小特征矢量(Fiedler 矢量)是最佳二分的解，或取前 K 个主特征矢量再进行聚类来得到最佳 K 分结果。虽然谱方法求解能够使计算复杂度正比于 $O(n^{\frac{3}{2}})$，但是对于稍大图像的处理，这种超线性的计算代价还是无法承受的。文献[200]算法有效地解决了上述问题，并通过层次之间的多属性权值修正与聚类合并，对于一些边界过渡比较缓慢的挑战性图像也能得到较好的分割效果，下面章节将给出算法的具体步骤。为了提高分割效率和精度，本章结合多示例学习方法，先对图像进行显著性检测后，将其结果用于指导基于图论的图像分割方法，并将显著性检测的特征用于层次分割步骤中的特征属性权值修正，在层次粗化过程最大程度保留了原始图像的特征，以及降低了基于代价函数的图割图像分割方法的运算复杂度。在算法阐述之前，先给出一些关于图的基本概念。

4.1　图的基本概念

基于图论的图像分割算法是近几年研究的热点，该算法考虑了图像局部特征与全局特征的关系，相比于传统的分割方法有着独特的优势。图论是离散数学的一个分支，具体以图为研究对象，研究顶点和边组成图形的数学问题。

1. 图的定义

基于图论的图像分割是将图像映射为一幅无向权图 $G=(\boldsymbol{V}, \boldsymbol{E}, \boldsymbol{W})$，其中 $\boldsymbol{V}=\{1, 2, \cdots, i, \cdots, N\}$称为顶点集，$\boldsymbol{V}$ 中的元素 i 称为顶点，i 对应于图像中的每个像素点；$\boldsymbol{E}=\{e_{ij}\}$称为边集，$\boldsymbol{E}$ 中的元素 e_{ij} 称为边，e_{ij} 表示 $\boldsymbol{V}$ 中任意两顶点 i、j 之间的连线；$\boldsymbol{W}=\{w_{ij}\}$称为权集，$\boldsymbol{W}$ 中的元素 w_{ij} 称为边 e_{ij} 的权，w_{ij} 称为权函数，表示顶点 i、j 之间的相似程度(关联度)或差异度。

2. 权函数

在图割方法中，较为常见的权函数形式如下：

$$w_{ij} = \exp\left(-\frac{\| F_i - F_j \|_2^2}{\sigma_i^2}\right)^* \tag{4.1}$$

$$w_{ij} = \begin{cases} \exp(-\| F_i - F_j \|_2^2/\sigma_x^2) & \text{if} - \| F_i - F_j \|_2 < r \\ 0 & \text{other} \end{cases} \tag{4.2}$$

式(4.1)和式(4.2)表示两顶点间的相似度或差异度。其中，F_i、F_j 分别为点 i 和 j 的灰度值；σ_i 是灰度高斯函差，σ_x 是空间距离函数的标准方差，r 是两像素间的有效距离，超过这个距离则设定两点间的相似度为 0。两像素间的灰度值越接近，则认为两像素间的相似度越高，并且两像素间的距离越近，其相似度也越高。

权函数的定义在文献[30]中还有如下的形式：

$$w_{ij} = \exp\left(-\frac{\| F_i - F_j \|_2^2}{\sigma_i^2}\right) \tag{4.3}$$

$$w_{ij} = | I_i - I_j | \tag{4.4}$$

可以看出，这两种定义忽略了空间关系，而只关注像素间的灰度联系。

3. 状态向量与费德勒矢量

分割状态向量是用来指示像素划分归属的指示矢量(indicator vector)，若用 $\boldsymbol{X}$ 表示，则其元素定义为

$$x_i = \begin{cases} 1 & \text{if} \quad i \in B \\ 0 & \text{if} \quad i \in A \end{cases} \quad 或 \quad x_i = \begin{cases} +1 & \text{if} \quad i \in B \\ -1 & \text{if} \quad i \in A \end{cases} \tag{4.5}$$

该定义的意义为，如果在势函数中某像素对应的值是 1，那么该像素就属于 A，如果为 0 或 -1 则属于 B。实际图像的分割结果对应的分割状态向量的值通常是介于 0 到 1 之间的实数。

基于代价函数的图割方法中，通常将图的分割问题转化成求解特征方程的次小特征矢量的问题，即寻求次优解，如下述特征系统的特征方程：

$$\boldsymbol{D}^{-1/2}(\boldsymbol{D}-\boldsymbol{W})\boldsymbol{D}^{-1/2}\boldsymbol{X} = \lambda\boldsymbol{X} \tag{4.6}$$

式中，次小特征矢量就是第二个小特征值所对应的特征矢量，它是最佳图分割的一个解，即为势函数，这一特征矢量就称为费德勒(Fiedler)矢量。跟特征矢量对应的特征值都称为谱，但谱所对应的特征矢量不一定就是 Fiedler 矢量。

4. 相似度矩阵、度矩阵与拉普拉斯矩阵

在基于图论的图像分割方法中，经常把最优割集准则转化为求解相似度矩阵或者是拉普拉斯矩阵的特征值以及特征矢量的问题。将图像中的像素从左到右单行排列，并将其作为相似度矩阵 $\boldsymbol{W}$ 的行和列，将使用

相似度函数计算所得到的值作为相似度矩阵中每一个元素的值，因此如果一幅图象尺寸为 $M\times N$，那么其相似度矩阵元素个数为 $2M\times N$。将相似度矩阵中的每行元素相加可以得到该节点的度，以全部度值为对角元素构成的对角矩阵称为度矩阵，一般用 $\boldsymbol{D}$ 表示。

拉普拉斯矩阵定义为 $\boldsymbol{L}=\boldsymbol{D}-\boldsymbol{W}$，是图论分割中经常用到的标准矩阵。

5. 代价函数

针对不同的应用，根据明确定义的分割目标来设计不同的代价函数，不同的代价函数表示不同的图割框架，即将图分割成若干个子图，并利用代价函数表示不同子图之间边的权值和，这些边权值和称为割。假设将无向赋权图 $\boldsymbol{G}$ 分割为不相交的两个区域 $\boldsymbol{VA}$ 和 $\boldsymbol{VA}$，且区域 $\boldsymbol{A}$ 和 $\boldsymbol{B}$ 中的顶点满足 $\boldsymbol{A}\cup\boldsymbol{B}=\boldsymbol{V}$ 和 $\boldsymbol{A}\cap\boldsymbol{B}=\varnothing$，其中，$\boldsymbol{V}$ 是所有顶点的集合，$\varnothing$是空集，利用连接区域 $\boldsymbol{A}$ 和 $\boldsymbol{B}$ 之间的边的权值之和来定义代价函数，以归一化割为例，列举代价函数如式(4.7)所示：

$$\begin{aligned}\mathrm{Ncut}(\boldsymbol{A},\boldsymbol{A}) &= \frac{\mathrm{cut}(\boldsymbol{A},\boldsymbol{A})}{\mathrm{assoc}(\boldsymbol{A},\boldsymbol{V})}+\frac{\mathrm{cut}(\boldsymbol{A},\boldsymbol{A})}{\mathrm{assoc}(\boldsymbol{A},\boldsymbol{V})}\\ &= \frac{\sum\limits_{x_i>0,\ x_j<0} -w_{ij}\boldsymbol{u}_i\boldsymbol{u}_j}{\sum\limits_{x_i>0} d_i}+\frac{\sum\limits_{x_i<0,\ x_j>0} -w_{ij}\boldsymbol{u}_i\boldsymbol{u}_j}{\sum\limits_{x_i<0} d_i}\end{aligned} \tag{4.7}$$

式(4.7)已在绪论中简要介绍，详细的推导过程见文献[43]。根据文献[43]所述，式4.7经过参数代换与推导变为 $\mathrm{Ncut}(\boldsymbol{A},\boldsymbol{A})=\dfrac{y^{\mathrm{T}}(\boldsymbol{D}-\boldsymbol{W})y}{y^{\mathrm{T}}\boldsymbol{D}y}$，因此将图像分割问题转化成图论中图割最优化的问题，而最优割集就是求解相似度矩阵或拉普拉斯矩阵的特征值与特征向量。

6. 层次聚类分析

聚类方法是进行数据分析强有力的工具之一，聚类的过程实际上是按照样本之间的相似性，把空间集合划分为若干子集的过程，划分的准则就是结果要使得某种表示聚类质量的函数或准则最优。如果用距离来衡量两个样本之间的相似度，那么这样的结果就是把特征空间划分成若干个区域，一个区域对应一个类别。之所以常常选择距离来表示相似度，那是因为一般同类样本之间特征向量是相互靠近的，不同类的样本间的距离都会很远。其中基于图论的聚类方法以数据的局域连接特征为聚类的主要信息来源。一般来说，有两种类型的层次聚类方法：

(1) 凝聚层次聚类：这种自底向上的策略首先将每个对象作为其簇，然后合并这些原子簇成为越来越大的簇，直到所有的对象都在一个簇中，或者某个终止条件被满足。绝大多数层次聚类方法属于这一类，它们只是在簇间相似度的定义上有所不同。本章算法采用这种算法思想对图像进行粗化。

(2) 分裂层次聚类：这种自顶向下的策略与凝聚层次聚类正好相反，它首先将所有对象置于一个簇中，然后将它逐步细分为越来越小的簇，直到每个对象自成一簇，或者达到某个终止条件，例如达到某个希望的簇数目，或者每个簇的直径都在某个阈值之内。

4.2 基于图割优化的图像显著性目标分割方法

4.2.1 自适应图像层次分割方法

在本文算法描述之前，首先简要给出 HASVS 算法的具体步骤：

(1) 针对给定的原始图像，构建一个对应的 4 邻居无向权图 $G=(\boldsymbol{V}, \boldsymbol{E}, \boldsymbol{W})$和基于图割的代价函数，其中 $\boldsymbol{V}$ 表示顶点与原始像素对应，$\boldsymbol{E}$ 表示边与任意两顶点间的连线对应，$\boldsymbol{W}$ 表示边权，其值与顶点之间的相似程度对应，$G^0=(\boldsymbol{V}^0, \boldsymbol{E}^0, \boldsymbol{W}^0)$，$w_{ij}=\mathrm{e}^{-\alpha|i_i-i_j|}$。

(2) 对无向权图 $G^0=(\boldsymbol{V}^0, \boldsymbol{E}^0, \boldsymbol{W}^0)$按照如下方法进行粗化，令 s 表示粗化层数，$s=1, 2, \cdots$，则粗化后得到 G^s。

① 选取具有代表性的顶点作为种子点，每个种子点表示一类，定义剩余顶点与种子点所表示类之间的关系矩阵。

② 根据关系矩阵与图像属性，在粗化层更新与合并种子点所代表类的权值，层次聚类迭代得到优化的相似矩阵。

③ 使原始图像在不同层次粗化，直至得到凸显兴趣区域停止迭代，求解基于图割的代价函数所表示的特征系统，得到无向赋权图中凸显兴趣区域的粗分割。

(3) 针对凸显兴趣区域，利用步骤(2)所得到的状态向量从上到下扫描边界，采用逆插值方法进行边界合并，进而得到图像的完整分割。

图 4.1 所示为上述算法的简单流程图。

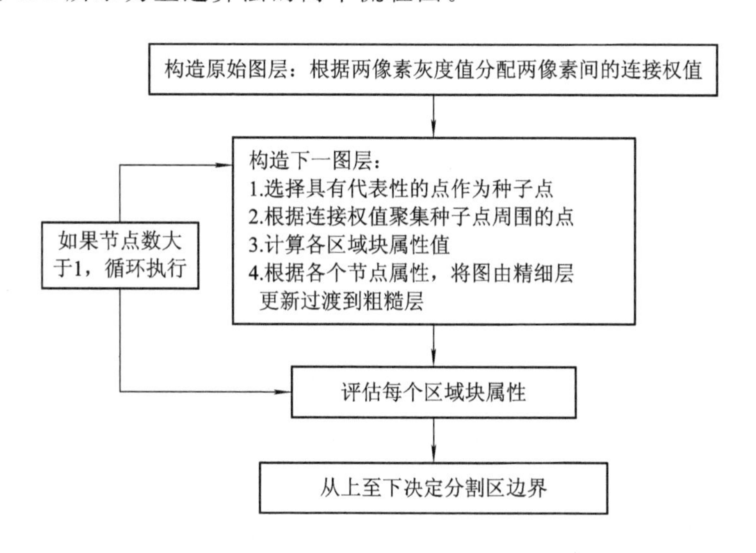

图 4.1　简单流程图

由上述算法的权函数可知，算法利用原始图像的灰度特征确定边的权值(权函数)，构建图的表示以及代价函数，对于较大的图片，相似度矩阵的构建是较难实现的，计算复杂度也较高；在粗化过程中，粗化至合适的层数 s 后进而利用图像的其他特征对图的边权值进行修正，不同的图像对应的合适层数 s 可能不尽相同，需要根据经验或反复实验确定；HASVS 算法仅仅列出了图像的各类特征，并没有明确说明采用哪些特征对图的边权值进行修正以及如何修正，精确的图像分割结果并不是采用的图像特征越多就越精确。因此在深入研究了上述算法后，本章提出了一种基于多示例学习与图割优化的图像显著性目标分割方法，较好地解决了基于归一化割的自适应多尺度图像层次分割方法的上述不足。本章算法利用第三章所述的基于多示例学习方法图像显著性检测结果，指导及改进基于归一化割的自适应多尺度图像层次分割方法，获得较好的分割效果。

4.2.2　基于图割优化的图像显著性目标分割方法

1. 图的表示

基于多示例学习的图像显著性检测结果以图像区域显著度呈现，每一个图像区域(包)的显著性标记通过其内部像素点(示例)的特征来表示。将图像的显著性检测结果作为基于代价函数的图割方法的输入图像，将输入图像映射为相应的无向权图，将每一个包作为图中的一个顶点，包的显著性标记及以像素特征表示的示例矢量作为构建边的权值(权函数)和代价函数的依据。

2. 权函数与代价函数

首先构建输入图像映射的无向权图以及区域级相似度矩阵，图中的每个顶点由图像区域表示，顶点的属性值由区域所对应的底层、中高层视觉特征向量和区域的显著值共同表示，即将区域的视觉特征和显著性信息引入区域的相似性度量中，并以此作为确定边权值(权函数)的依据，进一步优化了代价函数。对于区域级相似度矩阵中任意两个顶点 i、j，其对应的边权值(权函数)定义如下：

$$w_{ij}=\begin{cases}\frac{1}{2}[\mathrm{Salien}(i)+\mathrm{Salien}(j)]\exp\left(-\frac{\mathrm{Sim}(f_i,f_j)}{\delta^2}\right) & i\neq j\\ 0 & i=j\end{cases}\tag{4.8}$$

式中，当两个区域互为 k 近邻时，任意两顶点 i、j 之间的相似性采用 2.2.2 节所述的高斯核函数作为度量准则。对于不同区域，Salien(i)与 Salien(j)分别表示区域 i 与区域 j 归一化后的显著度值，即示例包的标记，W 表示区域 i 与区域 j 对应的视觉特征的相似性，f_i、f_j 分别对应区域 i 与区域 j 的视觉特征矢量，本算法采用 2.2.1 节中欧氏距离空间计算模型，σ 为调节视觉特征差异的敏感参数；区域 i 与其自身的相似权值为 0。由于边权值构成的相似度矩阵 $\boldsymbol{W}$ 是对角线为 0 的对称矩阵，且边权值

$w_{i,j}\in[0,1]$。从式(4.8)可以看出，不同于文献[200]中的相似度矩阵中的权函数只考虑顶点之间的灰度特征，本章算法相似度矩阵中的边权值的定义同时考虑了区域间的视觉特征相似性与区域的显著性。在区域 i 与 j 视觉特征相似，且显著度值都较高的情况下，其边权值较高，即相似性较大；若仅是视觉特征相似，而其中任意一个区域的显著值较低，则会导致其边权值较低，即相似性较小；若显著度相近，而两个区域的视觉特征相似性较低，也会导致其边权值较低，即相似性较小。

上述改进的权函数在一定程度上对代价函数也进行了优化，将无向赋权图 G 的顶点集 V 分割为两个子集 $\sum_{ij}w_{ij}U_i^2=\boldsymbol{U}^{\mathrm{T}}\boldsymbol{D}\boldsymbol{U}$，$\sum_{ij}w_{ij}U_iU_j=\boldsymbol{U}^{\mathrm{T}}\boldsymbol{W}\boldsymbol{U}$，且满足 $A\cap B=V$ 和 $A\cap B=\varnothing$。假设 $\boldsymbol{U}=\{U_1, U_2, \cdots, U_i, \cdots, U_N\}$ 为分割状态向量，对于图 G 中的顶点 i，若 $i\in A$，则 $U_i=1$；若 $i\in B$，则 $U_i=0$。即定义基于改进权函数的代价函数公式如下：

$$R(\boldsymbol{U})=\frac{\sum_{i>j}w_{ij}\ (U_i-U_j)^2}{\sum_{i>j}w_{ij}U_iU_j}=\frac{\boldsymbol{U}^{\mathrm{T}}(\boldsymbol{D}-\boldsymbol{W})\boldsymbol{U}}{\frac{1}{2}\boldsymbol{U}^{\mathrm{T}}\boldsymbol{W}\boldsymbol{U}} \tag{4.9}$$

式中，$\boldsymbol{W}$ 为对角线上元素为 0 的对称矩阵，其元素 w_{ij} 如式所示；$\boldsymbol{D}$ 为 N 维对角矩阵，其对角线上的元素 $d_i=\sum_j w_{ij}$。上述代价函数的本质是表示图的割，$R(\boldsymbol{U})$ 的取值能够满足子图内相似度最大，同时保证子图间相似度最小，即表示图的最优分割效果。式(4.9)的推导过程如下：

$$\begin{aligned}\sum_{i>j}w_{ij}\ (U_i-U_j)^2&=\frac{1}{2}\sum_{ij}w_{ij}\ (U_i-U_j)^2\\&=\frac{1}{2}\sum_{ij}w_{ij}(U_i^2-2U_iU_j+U_j^2)\\&=\sum_{ij}w_{ij}(U_i^2-U_iU_j)\end{aligned}$$

由于 $\sum_{ij}w_{ij}U_i^2=\boldsymbol{U}^{\mathrm{T}}\boldsymbol{D}\boldsymbol{U}$，$\sum_{ij}w_{ij}U_iU_j=\boldsymbol{U}^{\mathrm{T}}\boldsymbol{W}\boldsymbol{U}$，又 $\sum_{i>j}w_{ij}U_iU_j=\frac{1}{2}\sum_{ij}w_{ij}U_iU_j=\frac{1}{2}\boldsymbol{U}^{\mathrm{T}}\boldsymbol{W}\boldsymbol{U}$，因此得到式(4.9)。

3. 粗化过程

粗化过程是通过递归计算构造金字塔式的图结构，如图 4.2 所示。最

底层 $G^{[0]}$，即原始图像的映射图，原始图像的每一个像素对应图的每一个顶点，依据顶点之间的相似性，相似性越大在上一层被合并的概率越高。随着图的层数的增加，顶点的不断聚类合并，图的顶点数随之变少，这一过程称为粗化过程。在粗化过程中，顶点对应的分割状态向量的变量个数也随着顶点的减少而减少，实际上也是分割状态向量变量数粗化的过程。粗化中 $k-1$ 层被合并的顶点，在 k 层形成一个抽象的'顶点'，这个顶点是不存在的，实质上是被合并的顶点形成的子图，即图像区域。在金字塔结构中，上层称为粗糙层，下层称为精细层。

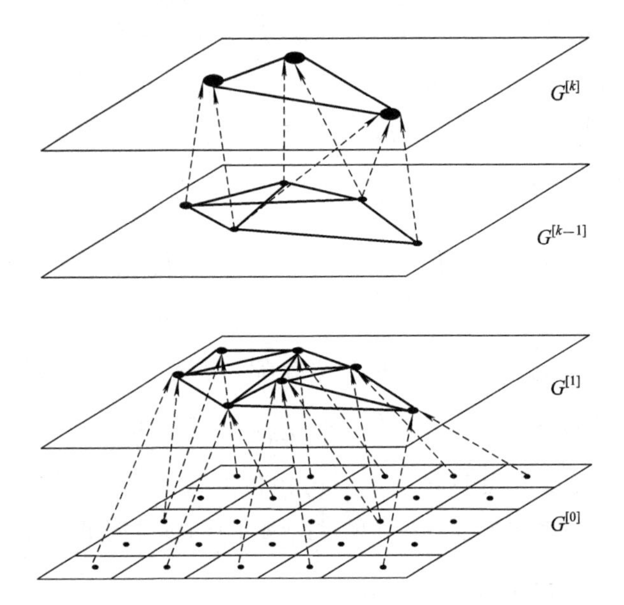

注：定义原始无向权图 G 为 $G^{[0]}$，$G^{[0]}$ 经过一层粗化后的无向权图记为 $G^{[1]}$，依此类推，$G^{[0]}$ 经过 $k-1$ 层粗化后的无向权图记为 $G^{[k-1]}$，$G^{[0]}$ 经过 k 层粗化后的无向权图记为 $G^{[k]}$，$k=\{1, 2, \cdots, s\}$)

图 4.2 粗化过程图

相比于文献[200]，本章算法无需从原始图像对应的无向权图中选取具有代表性的顶点作为种子点，因为基于多示例学习的显著性检测结果已经给出了基于原始图像显著性的粗分割，将包的显著性标记与以像素特征表示的示例矢量作为粗化依据。当图像中的两个区域特征相似且都具有较高的显著度值时，在下一粗化层次将被合并，并以视觉特征和显著性为依据来修正和确定合并区域之间的相似权值。随着粗化层次的增加与 $k-1$ 层顶点的合并，k 层的'顶点'所表示的子图之间的相似权值也随之被修正与更新，依次迭代，此粗化过程最大程度保留了原始图像的属性，保证了图像的分割精度。

4. 插值矩阵

插值矩阵是描述粗化前第 $k-1$ 层的顶点与粗化后第 k 层的'顶点'之间的隶属关系。粗化前顶点之间的相似权值通过与插值矩阵的二次型运算，更新粗化后得到的'顶点'之间的权值。由于本章算法的输入图像是基于多示例习的图像显著性检测结果，则粗化前的最底层 G^0 是由抽象的'顶点'构成的，每一个'顶点'对应一个图像显著区域。定义插值矩阵 $\boldsymbol{P}^{[k-1,\,k]}=\{p_{C_iC_K}^{[k-1,\,k]}\}$，$k=\{1,\,2,\,\cdots,\,s\}$，则表达式如下：

$$
p_{iK}^{[k-1,\,k]}=\begin{cases}\dfrac{\dfrac{1}{2}[\mathrm{Salien}(i)+\mathrm{Salien}(K)]*w_{iK}^{[k-1]}}{\sum\limits_{K\in V^{[k]}}w_{iK}^{[k-1]}} & i\in V^{[k-1]}-V^{[k]},\ K\in V^{[k]}\\ 1 & i\in V^{[k]},\ K\in V^{[k]},\ i=K\\ 0 & i\in V^{[k]},\ K\in V^{[k]},\ i\neq K\end{cases}
\tag{4.10}
$$

式中，i 为图 $G^{[k-1]}$ 层的第 i 个显著区域，即对应图 $G^{[k-1]}$ 层顶点集合 $V^{[k-1]}$ 中的第 i 个'顶点'。K 为图 $G^{[k-1]}$ 经过第 k 次粗化，从顶点集合 $V^{[k-1]}$ 对应的 i 个显著区域中，根据区域的显著度值以及区域内的像素点个数进行排序，选取前 K 个显著区域，再依据 i 个显著区域间的视觉特征相似性进行合并，合并后得到 K 个新的显著区域作为种子点，即对应图 $G^{[k]}$ 层的顶点集合 $V^{[k]}$ 中的'顶点'。图 $G^{[k-1]}$ 经过第 k 次粗化，当 i 为顶点集合 $V^{[k-1]}$ 中未被选取的显著区域时，定义 $\dfrac{1}{2}[\mathrm{Salien}(i)+\mathrm{Salien}(K)]*w_{iK}^{[k-1]}/\sum\limits_{K\in V^{[k]}}w_{iK}^{[k-1]}$ 作为 $V^{[k-1]}$ 中未被选取的显著区域与被选取为 $G^{[k]}$ 层顶点集合 $V^{[k]}$ 中的'顶点'之间的相似权值，表明粗化后的种子点与非种子点之间的隶属依附程度；当 i 为顶点集合 $V^{[k-1]}$ 中被选取的显著区域，成为

图 $G^{[k]}$层的顶点集合 $V^{[k]}$中的'顶点'，与自身的相似权值定义为 1，表明粗化后的种子点与自身之间的隶属依附程度；而与除自身外的其余 $V^{[k]}$中的'顶点'之间的相似权值定义为 0，表明粗化后的种子点与除自身以外的其他种子点之间的隶属依附程度。上述公式定义保证了选取的种子点自身，即对应的区域内部相似性最大，以及种子点之间，即对应的区域之间相似性最小，有利于图像的精确分割。如上所述，假设 $i\in V^{[k-1]}$，$i=1$，2，…，n，经过 k 次粗化，$K\in V^{[k]}$，$K=1$，2，…，q，则 $\boldsymbol{P}^{[k-1,k]}$为 $n\times q$ 的插值矩阵，实际上 $\boldsymbol{P}^{[k-1,k]}$是一个稀疏矩阵，能够快速减少算法的运算量。

5. 相似权值更新

定义相似矩阵 $\boldsymbol{W}^{[k-1]}$表示 $k-1$ 层粗化后选取的种子点之间的相似权值，$\boldsymbol{W}^{[k-1]}=\{w_{ij}^{[k-1]}\}$，$k=\{1, 2, \cdots, s\}$，具体计算公式如定义(2)所述。通过插值矩阵和 $\boldsymbol{W}^{[k-1]}$，得到相似矩阵 $\boldsymbol{U}^{[k]}$，$W^{[k]}=\{w_{KL}^{[k]}\}$，即表示 k 层粗化后选取的种子点之间的相似权值，具体的计算公式为

$$w_{KL}^{[k]}=\sum_{i\neq j}P_{iK}^{[k-1,k]}w_{ij}^{[k-1]}P_{jL}^{[k-1,k]} \tag{4.11}$$

其中，$w_{ij}^{[k-1]}$包含了原始图像的视觉特征和显著特性，在相似权值更新的同时，其对应的显著度也随之更新，即 $\text{Salien}(K')=\sum_{i\in V^{k-1}-V^{k}}\text{Salien}(i)/|V^{k-1}-V^{k}|$，$K'$为 k 层粗化后抽象'顶点'$KU^{[k]}$对应的 $k-1$ 层顶点集合，抽象'顶点'K 在 k 层的显著度为对应 $k-1$ 层顶点集合中所有顶点显著度的均值。

6. 层次迭代

每一粗化层次都有对应的分割状态向量，$k-1$ 层粗化后的分割状态向量 $\boldsymbol{U}^{[k-1]}$与 k 层粗化后的分割状态向量 $\boldsymbol{U}^{[k]}$之间的映射关系可由插值矩阵来表示，即

$$\boldsymbol{U}^{[k-1]}=\boldsymbol{P}^{[k-1,k]}\boldsymbol{U}^{[k]} \tag{4.12}$$

则

$$\begin{aligned}\boldsymbol{U}^{[0]}&=\boldsymbol{P}^{[0,1]}\boldsymbol{U}^{[1]}=\boldsymbol{P}^{[0,1]}\boldsymbol{P}^{[1,2]}\boldsymbol{U}^{[2]}\\&=\cdots=\boldsymbol{P}^{[0,1]}\boldsymbol{P}^{[1,2]}\cdots\boldsymbol{P}^{[s-1,s]}\boldsymbol{U}^{[s]}\end{aligned} \tag{4.13}$$

令式(4.13)中的 $\boldsymbol{P}=\boldsymbol{P}^{[0,1]}\boldsymbol{P}^{[1,2]}\cdots\boldsymbol{P}^{[s-1,s]}$，得到 $U^{[0]}=PU^{[s]}$。式(4.9)中 $\boldsymbol{U}$ 表示原始无向赋权图 G 中的分割状态向量，即为 $\boldsymbol{U}^{[0]}$，因此式(4.9)变为

$$R(\boldsymbol{PU}^{[s]})=\frac{(\boldsymbol{PU}^{[s]})^{\mathrm{T}}(\boldsymbol{D}-\boldsymbol{W})(\boldsymbol{PU}^{[s]})}{\frac{1}{2}(\boldsymbol{PU}^{[s]})^{\mathrm{T}}\boldsymbol{W}(\boldsymbol{PU}^{[s]})}=\frac{(\boldsymbol{U}^{[s]})^{\mathrm{T}}\boldsymbol{P}^{\mathrm{T}}(\boldsymbol{D}-\boldsymbol{W})\boldsymbol{PU}^{[s]}}{\frac{1}{2}(\boldsymbol{U}^{[s]})^{\mathrm{T}}\boldsymbol{P}^{\mathrm{T}}\boldsymbol{WPU}^{[s]}} \tag{4.14}$$

根据式(4.14)，得出基于改进的加权函数的最优分割 $\min R(PU^{[s]})$，即获得相似矩阵所表示的广义特征系统，如下式：

$$\min R(\boldsymbol{PU}^{[s]})=\min\frac{(\boldsymbol{U}^{[s]})^{\mathrm{T}}\boldsymbol{P}^{\mathrm{T}}(\boldsymbol{D}-\boldsymbol{W})\boldsymbol{PU}^{[s]}}{\frac{1}{2}(\boldsymbol{U}^{[s]})^{\mathrm{T}}\boldsymbol{P}^{\mathrm{T}}\boldsymbol{WPU}^{[s]}} \tag{4.15}$$

下面详细给出算法步骤：

(1) 首先，输入 200 幅图像作为训练图像，这些图像都具有人工标注的参考显著性结果。

(2) 利用 3.1 节的方法对训练图像进行多尺度、多通道的线性滤波，从而得到亮度、颜色和纹理等属性特征，利用图像属性的梯度特征对图像进行描述。

(3) 以上述梯度特征为基础，使用超像素的方法将训练图像分成若干超像素表示的局部区域，每个局部区域被当作一个包，对每个局部区域进行随机采样，被采样的局部区域中像素被当作示例，提取相应的图像属性梯度特征矢量来表示采样示例。

(4) 结合有监督的多示例学习方法 EM-DD 算法，利用梯度特征矢量来训练分类器。

(5) 对于测试图像，同样进行上述步骤(1)和(2)，然后利用训练好的学习模型来计算每个包的显著性，最后得出测试图像的显著性检测结果。

(6) 将图像的显著性检测结果作为基于代价函数的图割方法的输入图像构建无向权图时，将每一个包作为图中的一个顶点，依据包的显著性标记与以像素特征表示的示例矢量构建边的权值(权函数)与代价函数，如下所示：

$$w_{ij}^{[0]}=\begin{cases}\frac{1}{2}[\mathrm{Salien}(i)+\mathrm{Salien}(j)]\exp\left(-\frac{\mathrm{Sim}(f_i,f_j)}{\delta^2}\right) & (i\neq j)\\ 0 & (i=j)\end{cases} \tag{4.16}$$

$$R(\boldsymbol{U}^{[0]})=\frac{\sum_{i>j}w_{ij}(U_i-U_j)^2}{\sum_{i>j}w_{ij}U_iU_j}=\frac{(\boldsymbol{U}^{[0]})^{\mathrm{T}}(\boldsymbol{D}-\boldsymbol{W})\boldsymbol{U}^{[0]}}{\frac{1}{2}(\boldsymbol{U}^{[0]})^{\mathrm{T}}\boldsymbol{W}\boldsymbol{U}^{[0]}} \tag{4.17}$$

(7) 根据前文相关定义(3)、(4)、(5)，对输入图像进行逐层粗化，依据式(4.10)、式(4.11)、式(4.16)对粗化的顶点之间相似权值进行不断的修正和更新。

(8) 根据前文相关定义(6)，经过层次迭代，将式(4.13)代入式(4.17)，依据式(4.12)、式(4.13)，得到式(4.18)：

$$R(\boldsymbol{P}\boldsymbol{U}^{[s]})=\frac{(\boldsymbol{U}^{[s]})^{\mathrm{T}}\boldsymbol{P}(\boldsymbol{D}-\boldsymbol{W})\boldsymbol{P}\boldsymbol{U}^{[s]}}{\frac{1}{2}(\boldsymbol{U}^{[s]})^{\mathrm{T}}\boldsymbol{P}\boldsymbol{W}\boldsymbol{P}\boldsymbol{U}^{[s]}} \tag{4.18}$$

即得到低维稀疏相似矩阵，直至得到兴趣区域停止迭代。最后求解式(4.18)相似矩阵所表示的广义特征系统，求出广义次小特征值对应的特征向量即为状态向量 $\boldsymbol{U}^{[s]}$，得到无向赋权图中显著目标区域的分割。

(9) 选取一组 δ_1、δ_2，满足关系 $\delta_1=1-\delta_2=0.15$，若 $U_i^{[k]}\leqslant\delta_1$，则令 $U_i'^{[k]}=0$，若 $U_i^{[k]}\geqslant\delta_2$，则令 $U_i'^{[k]}=1$，若 $\delta_1<U_i^{[k]}<\delta_2$，则令 $U_i'^{[k]}=\sum_j w_{ij}^{[k]}U_j'^{[k]}/\sum_j w_{ij}^{[k]}$，得到修正状态向量 $\boldsymbol{U}'^{[k]}$；再依据式(4.12)和式(4.13)，通过逆插值运算，得到图像的原始分割状态向量 $\boldsymbol{U}^{[0]}$，即得到显著目标区域的精确分割。

4.2.3 图像分割质量评价指标分析

众所周知，图像分割是一个不适定问题(ill-posed problem)，这就使得难以对候选算法做出评价。通常的做法是，让用户从视觉上观察不同的分割结果，但这样既消耗时间，也有可能由于用户差异而导致不同的评价结果，因此在实际评价中应采用定量评价方法。监督评价是大多数研究者采用的一种评价方法，这种方法通过将分割结果与人为确定的基准图进行相似性度量来实现分割效果评价。

对于大多数的图像分割算法来说，客观评价通常要求分割方法包含以下特性：

(1) 自适应细化调整。由于人们从不同水平的细节理解图像，所以通过图像细化来补偿粒度差异是合理的。

(2) 非退化性。当面对不符合实际的分割时，分割方法不应得到异常高的相似性值。

(3) 无假定的数据生成。分割方法应适用于任何类别的标签或区域尺寸。

(4) 可比较的评分。分割方法应对不同分割给出允许进行有意义比较的分割评分。

为了定量评价分割结果，目前有五种评价指标被广泛使用，分别为概率边缘指数(PR Index)[201]、信息变化度量(VI)[202]、整体一致性误差(GCE)[203]、边界错置误差(BDE)[204]以及 PR 曲线与 F 指数。

对于本章算法分割后的图像结果，本章选用目前常用于评价分割结果的五项性能指标进行分割评价，来判断其分割效果。这五项性能指标都是通过将算法的分割结果与基准图像分割结果进行比较运算而求得的，其中每个指标的具体含义分别如下：

PRI：概率边缘指数从统计观点来评价分割结果的正确性，利用像素对(x_i, x_j)一致性分割标签的概率统计，解决了测试算法分割结果与基准图像分割结果之间的相似性度量问题，从而判断测试算法的优劣。当我们用测试算法的分割结果与基准图像进行比较时，PRI 表明了使用算法所得的分割结果与真实标记相一致的像素所占的比例，其数值越大，表明分割结果越好，该指标取值在 0～1 之间。假定有 N 个像素点的图像 $X=\{x_1, x_2, \cdots, x_i, x_N\}$，其 K 个手动分割结果图像(基准图像)集为 $S_K=\{l_1^{s_k}, l_2^{s_k}, \cdots, l_i^{s_k}, \cdots, l_N^{s_k}, k=1, 2, \cdots, K\}$，其中 $l_i^{s_k}$ 为第 k 个基准图像中像素点 x_i 对应的分割标签；其测试算法分割结果为 $S=\{l_1, l_2, \cdots, l_i, \cdots, l_N\}$，其中 l_i 为像素点 x_i 的对应分割标签。在给定基准图像条件下，对一幅图像的分割可被描述为每个像素在(x_i, x_j)上服从 Bernoulli 分布的二进制数形式 $I(l_i^{s_k}=l_j^{s_k})$，则像素对(x_i, x_j)分割标签关系的经验概率计算公式[201]如下：

$$p(l_i = l_j) = \frac{1}{K}\sum_{k=1}^{K} I(l_i^{s_k} = l_j^{s_k}) = p_{ij} \tag{4.19}$$

$$p(l_i \neq l_j) = \frac{1}{K}\sum_{k=1}^{K} I(l_i^{s_k} \neq l_j^{s_k}) = 1 - p_{ij} \tag{4.20}$$

概率边缘指数定义公式[201]如下：

$$\mathrm{PR}(S, \{S_K\}) = \frac{1}{\binom{N}{2}}\sum [I(l_i = l_j)p_{ij} + I(l_i \neq l_j)(1 - p_{ij})] \tag{4.21}$$

PR 指数范围为[0, 1]，当指数为 0 时表示候选图像与基准图像完全不相似，当指数为 1 时表示候选图像与基准图像在每个像素对上都相似。PR 指数能够很好地适应图像分割区域细化特征，并且只接受那些观察者无法区分的区域，这种特性在解决图像分割退化情况时比细化不变测度更为有用。

(5) 信息变化度量。这种指标是由 Meila 提出的一种基于信息论的聚类间距离度量，能够计算在两个分割区域之间，像素点从一个区域到另一个区域的丢失信息量与获取信息量，从而度量某一个聚类解释另一个聚类的程度[202]。通过计算各分割区域间的平均条件信息熵，得到如下 VI 指标公式：

$$\mathrm{VI}(S_{\mathrm{test}}, S_K) = H(S_{\mathrm{test}} \mid S_K) + H(S_K \mid S_{\mathrm{test}}) \tag{4.22}$$

式中，等号 $H(S_K|S_{\mathrm{test}})$表示从候选图像分割结果 S_{test}向基准图 S_K 映射过程中 S_{test}丢失的信息量，$H(S_K|S_{\mathrm{test}})$表示在上述过程中基准图 S_K 获取的信息量。式中的平均条件信息熵也可表示为各分割区域间的信息熵及分割区域间的互信息熵，即上式也可等价表示为

$$\mathrm{VI}(S_{\mathrm{test}}, S_K) = H(S_{\mathrm{test}}) + H(S_K) - 2I(S_{\mathrm{test}}, S_K) \tag{4.23}$$

式中，H 表示分割结果的熵，I 表示分割结果 S 与基准图 S_K 之间的互信息。VI 指数与两个分割结果熵的关系也可用图 4.3 表示。

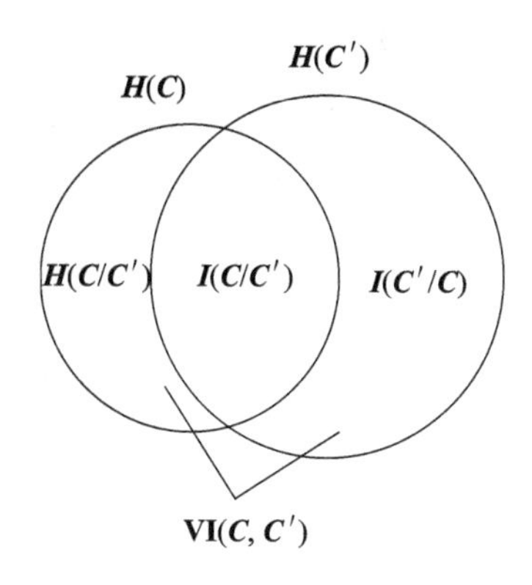

图 4.3　VI 指标

VI 指数满足非负性、对称性和三角不等式，因此是一个距离度量。VI 指数有上界，上界取决于分割图片的元素数目。VI 指标数值越小，表明相似度越高，如果两个分割结果是一致的，那么其 VI 值为 0。当我们用候选图像分割结果与基准图进行比较时，VI 指标数值越小，表明分割效果越好。

GCE：整体一致性误差。这种评估标准用于计算分割区域的重叠程度，若将不同的分割结果看做不同的像素点集，那么 GCE 度量一个分割结果与另一个分割结果的细化程度。Martin 最早提出了用于量化不同尺度下分割质量的 GCE 度量方法[203]。GCE 度量考虑了图像分割细化，但会受到退化影响。令 $R(S, p_i)$为包含像素点 p_i 的分割结果 S 的像素集，定义局部细化误差为

$$E(S_1, S_2, p_i) = \frac{|R(S_1, p_i)/R(S_2, p_i)|}{|R(S_1, p_i)|} \tag{4.24}$$

局部细化误差对于进行比较的两种分割不具有对称性。当 S_1 是 S_2 在像素点 p_i 上的细化时，即当 S_1 是 S_2 的一个子集时，局部细化误差为 0，因此定义 GCE 度量为

$$\mathrm{GCE}(S_1, S_2) = \frac{1}{n}\min\left\{\sum_i E(S_1, S_2, p_i), \sum_i E(S_2, S_1, p_i)\right\} \tag{4.25}$$

式中，n 为候选图像中总的像素数。GCE 取值越小，表明分割结果越好。

BDE：边界错置误差。BDE是一种基于边界用来评价分割效果的度量。BDE将分割图像中的一个边界像素点误差定义为与该像素点最近的一个其他边界像素点之间的距离。令 B_1 表示一幅分割图像中边界点的集合，B_2 表示基准图像中边界点的集合，则 B_1 中任意一点 x 至 B_2 的误差定义为 x 与 B_2 中所有像素点的最短绝对距离。因此，接近于零的平均值或者小的标准差就能够度量图像分割的良好效果，即BDE数值越小，表明分割效果越好。

PR曲线及F指数：在3.3节已详细给出解释定义，这里不再赘述。

4.2.4 实验结果对比分析

为了验证本章算法的有效性，本章所采用的图像均来自Achanta等人建立的数据库以及Berkeley图像分割数据库BSDS500[205]，选择Achanta图像库中的200幅图像和Berkeley图像库BSDS500中的300张图像作为训练图像，其余图像作为测试图像。实验环境为Matlab2009a，实验平台为I7四核处理器，8 GB内存。以下选取其中一部分测试图像的实验过程与分割结果进行分析。

如图4.4所示，图中第一列为原始图像，如4.4(a)组图像所示，图4.4(a-1)与图4.4(a-2)的背景相对复杂；图4.4(a-3)与图4.4(a-4)的水波纹与草地背景相对简单，水波纹上的光照倒影与目标的边界过渡不明显；图4.4(a-5)与图4.4(a-6)背景单一，但鼹鼠和花豹趴在树干上，动物的肢体与树干的颜色极为相似，且受到光照阴影的干扰。第二列为原始图像对应的基于多示例学习的显著性检测结果，以渐变色块的形式呈现，从图中可以看出EMDD算法产生的显著性检测结果目标与背景具有很大的区分度，目标内部的显著度也趋于一致。第三列为选取的基于多示例与图割优化的显著目标分割算法中较为低级的一次粗化结果，第四列为较为高级的一次粗化结果，由粗化过程1和2可以看出，粗化过程完全依据第二列显著性结果所提供的显著度、示例包中的示例特征矢量以及示例数量进行粗化的原则，每一次粗化后都进行包含显著性与特征相似性的权值修正，最大程度上保留了图像的原始信息。第五列为基于多示例与图割优化的显著目标分割算法的图像分割结果。Ground-truth在3.3节已给出，这里不再赘述。本章算法利用图像的显著性对图割框架进行了优化，既考虑了图像的局部特征又兼顾了全局特征，保证了目标与背景边界较为准确的分割。

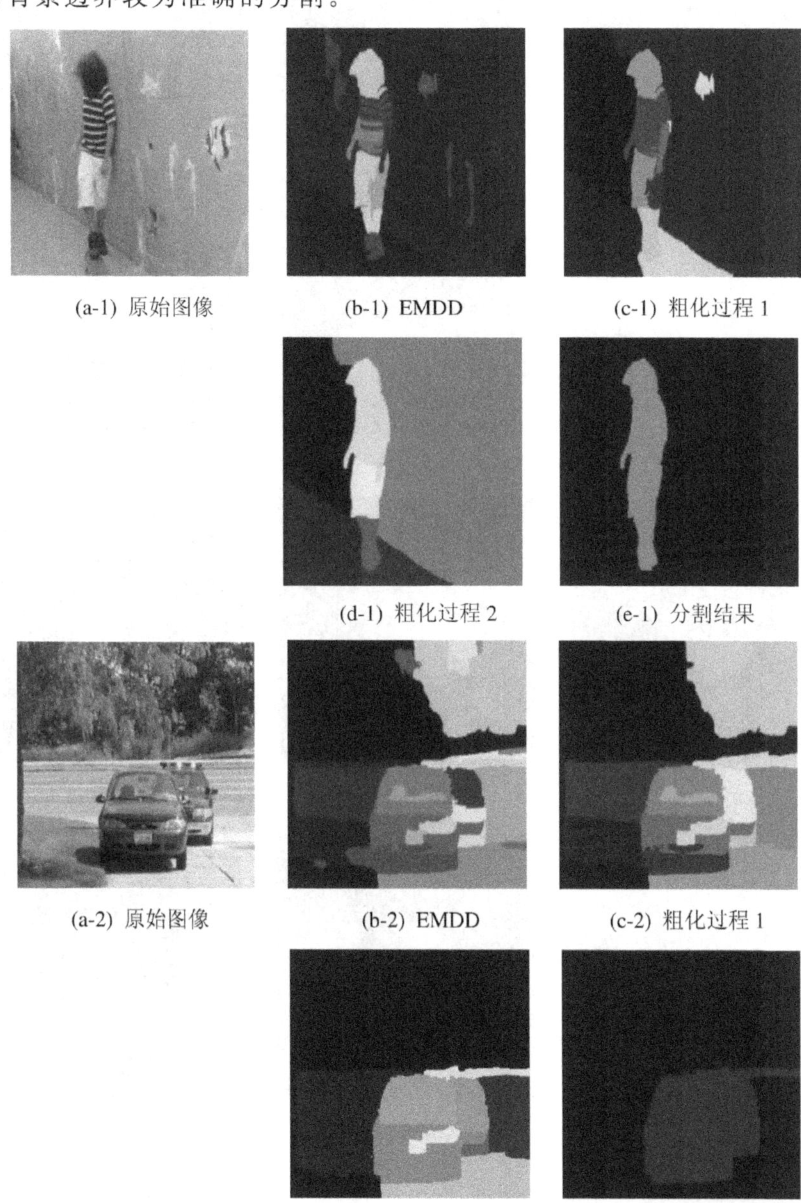

(a-1) 原始图像　(b-1) EMDD　(c-1) 粗化过程1

(d-1) 粗化过程2　(e-1) 分割结果

(a-2) 原始图像　(b-2) EMDD　(c-2) 粗化过程1

(d-2) 粗化过程2　(e-2) 分割结果

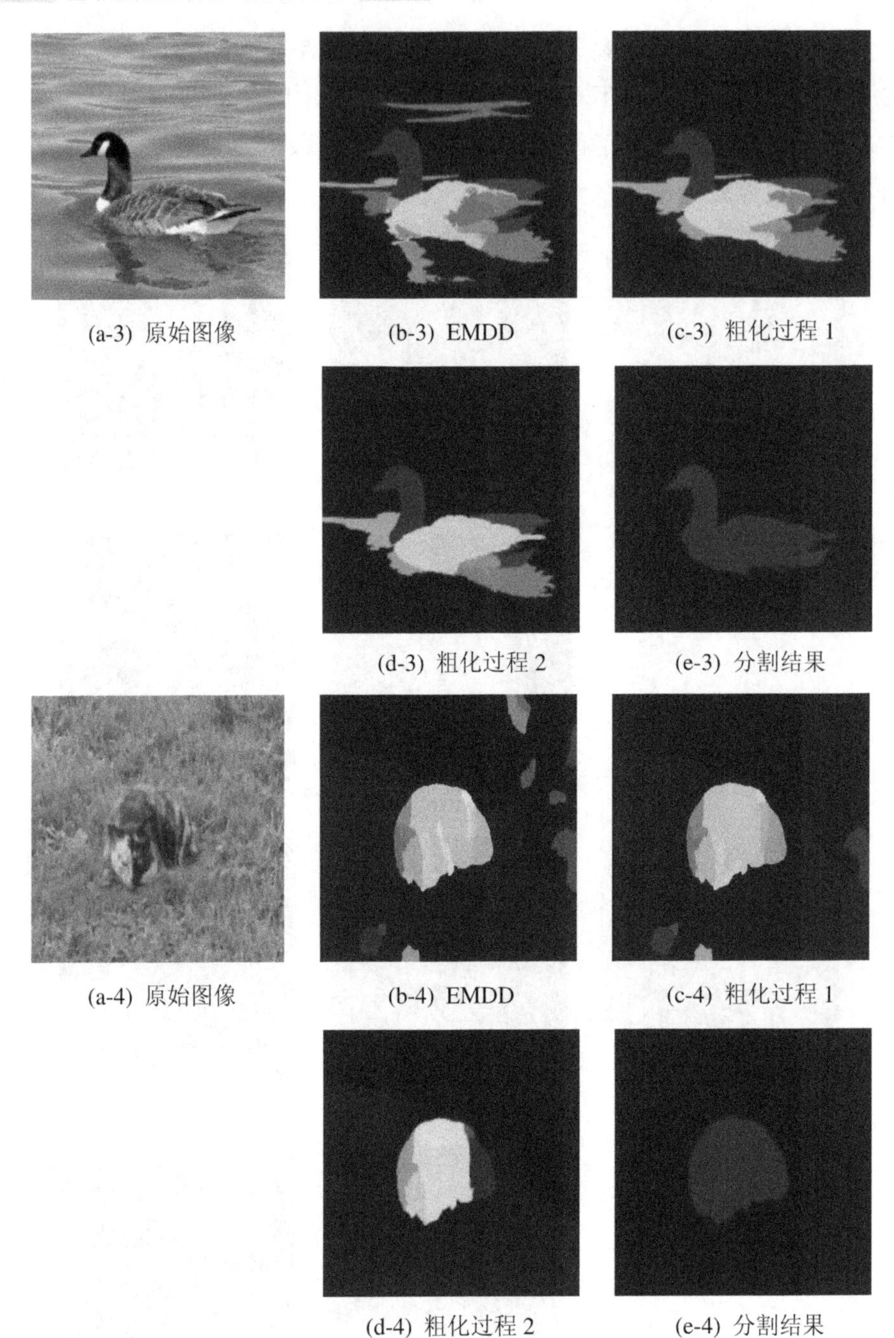

(a-3) 原始图像　(b-3) EMDD　(c-3) 粗化过程 1

(d-3) 粗化过程 2　(e-3) 分割结果

(a-4) 原始图像　(b-4) EMDD　(c-4) 粗化过程 1

(d-4) 粗化过程 2　(e-4) 分割结果

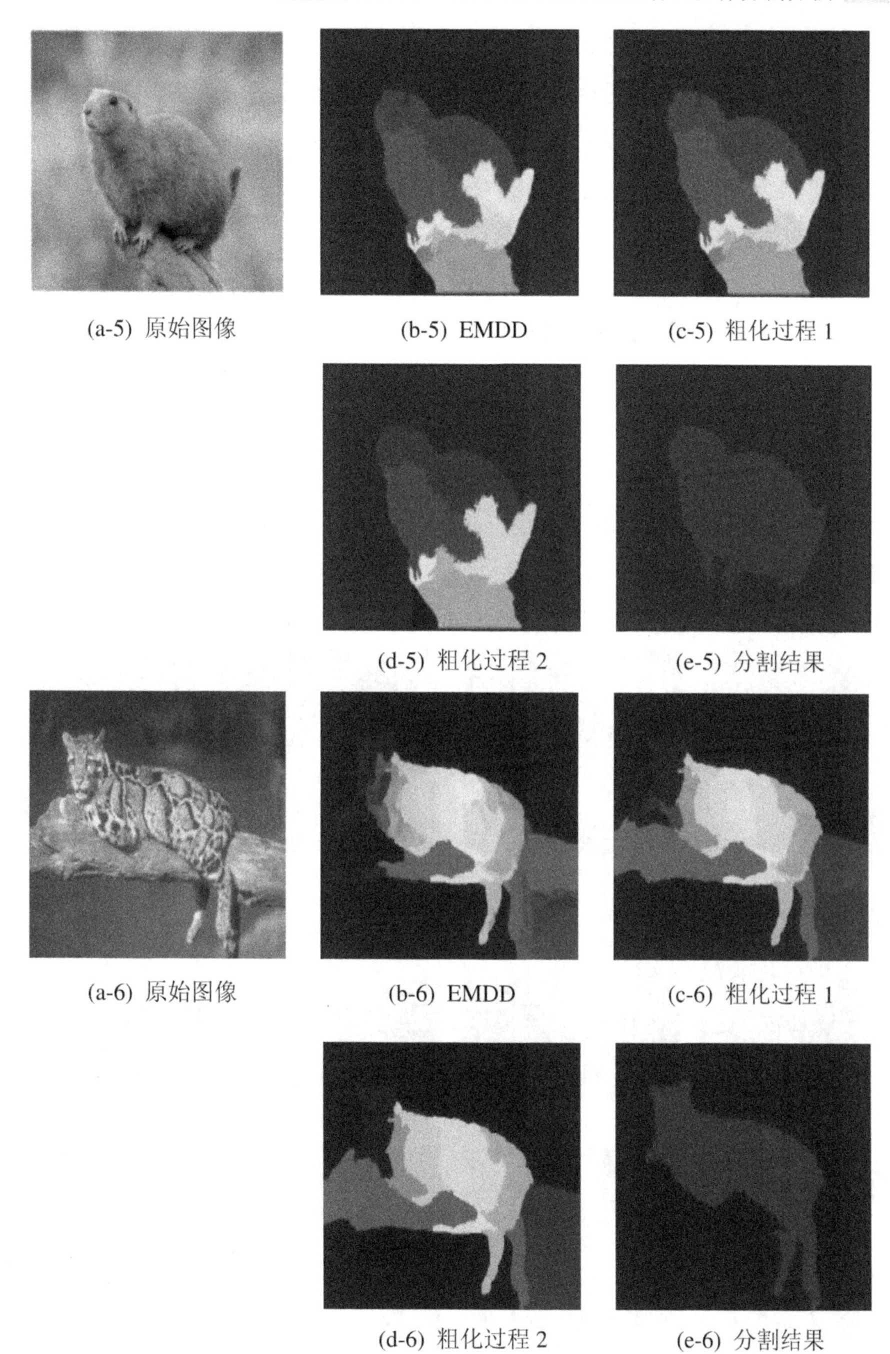

(a-5) 原始图像 (b-5) EMDD (c-5) 粗化过程 1

(d-5) 粗化过程 2 (e-5) 分割结果

(a-6) 原始图像 (b-6) EMDD (c-6) 粗化过程 1

(d-6) 粗化过程 2 (e-6) 分割结果

图 4.4 本章算法结果示意图

在图4.4(a)组原始图像中抽取三幅代表图像作为图4.5(a)组的原始图像，图4.4(b)组对应图4.4(a)组红色框区域的局部放大图，图4.4(c-1)与图4.4(c-2)分别对应图4.4(b-1)与图4.4(b-2)的显著性检测结果图，图4.4(d-1)与图4.4(d-2)分别对应图4.4(c-1)与图4.4(c-2)的某次粗化结果图，图4.4(c-3)为图4.4(b-3)的一次较为低级的粗化结果图，图4.4(d-3)为图4.4(b-3)的一次较为高级的粗化结果图。由图4.4(c-1)可以看到，条纹之间的显著度差异比条纹与其交界墙体之间的显著度差异大，但当黑白条纹各自对应的示例包中的示例矢量之间的相似性和条纹与其交界墙体各自对应的示例包中的示例矢量之间的相似性相同时，在优化的图割模型中，通过式(4.1)改进的权函数可以得出，条纹之间的显著度均值要高于条纹与其交界墙体之间的显著度均值，因此条纹之间的相似性仍然要高于条纹与其交界墙体的相似性，在粗化步骤中条纹被合，且与其交界墙体分离，如图4.4(d-1)所示。由图4.6(c-2)

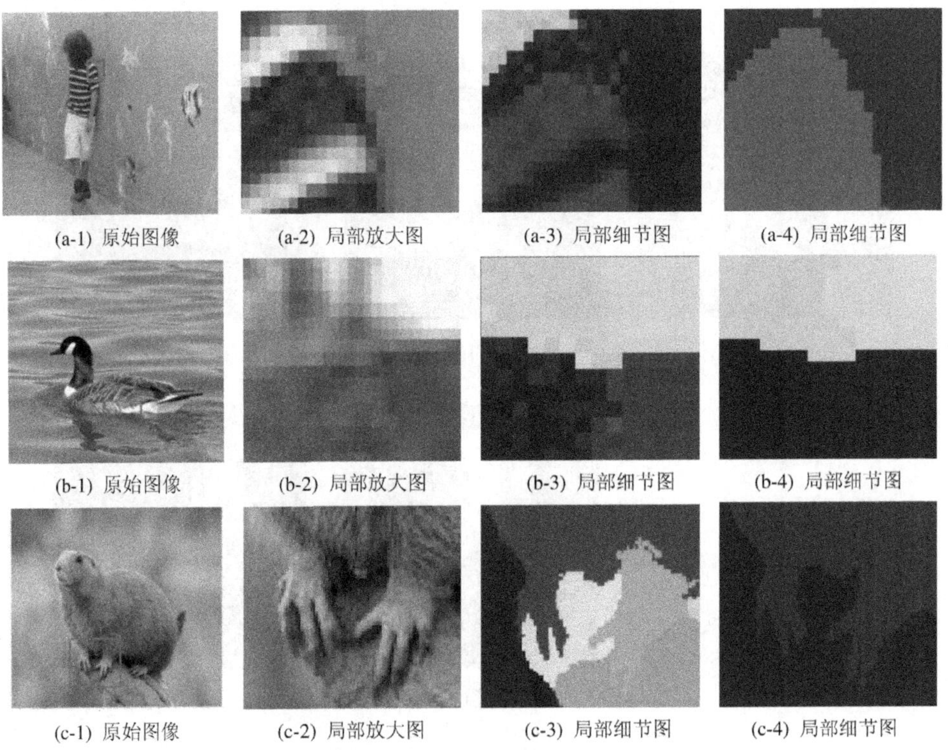

(a-1) 原始图像 (a-2) 局部放大图 (a-3) 局部细节图 (a-4) 局部细节图

(b-1) 原始图像 (b-2) 局部放大图 (b-3) 局部细节图 (b-4) 局部细节图

(c-1) 原始图像 (c-2) 局部放大图 (c-3) 局部细节图 (c-4) 局部细节图

图4.5 局部细节图

可以看出，湖水中鹅的腹部与水交界的部分，灰色羽毛下方的湖水中倒影(左下色块)与白色羽毛下方的湖水中倒影(右下色块)的显著度接近，且对应的示例矢量相似性大，因此湖水中倒影在粗化步骤被合并在一起，如图 4.6(d－2)所示。由图 4.5(c－3)可以看出，经粗化合并后的鼹鼠两只爪子与树干的显著度差异较大，左爪与右爪的显著度接近且两者显著度均值较高，所对应的示例特征矢量相似性也大，因此在下级粗化步骤中被合并，与树干成功分离，如图 4.6(d－3)所示。

为了进一步验证本章算法的优化性能，选用 NCUT、HASVS 以及文献[206]提出的针对 NCUT 的改进算法——基于多尺度图分解的谱分割算法(SSMGD)，与本章算法进行比较，实验对比结果如图 4.6 所示。

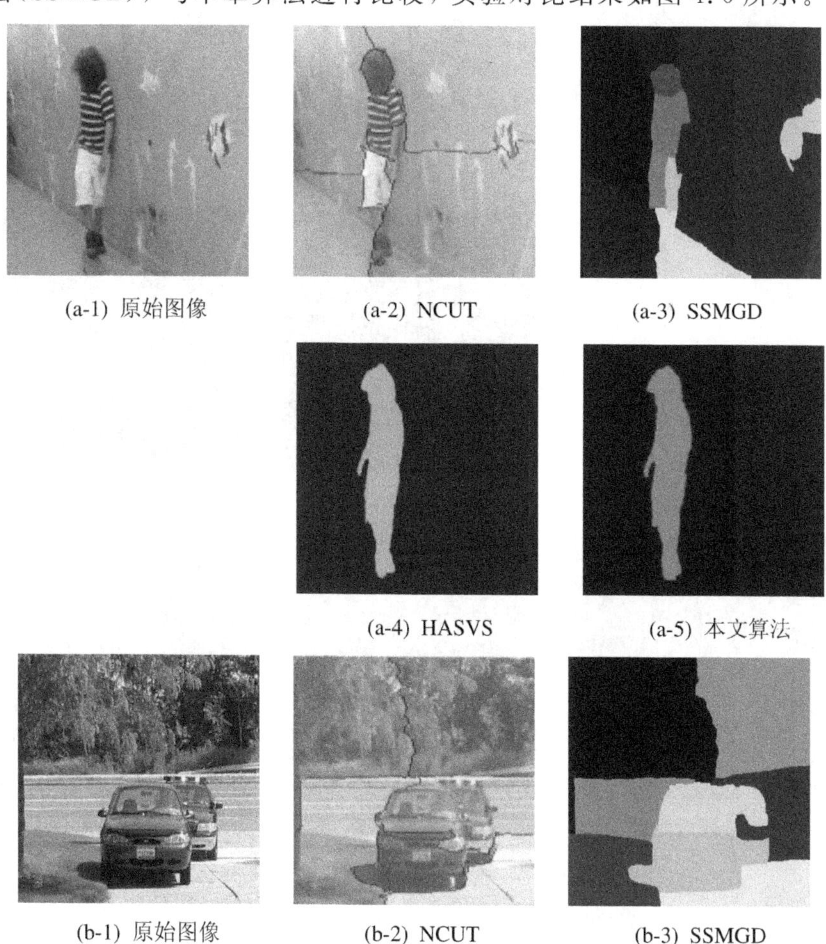

(a-1) 原始图像　(a-2) NCUT　(a-3) SSMGD

(a-4) HASVS　(a-5) 本文算法

(b-1) 原始图像　(b-2) NCUT　(b-3) SSMGD

(b-4) HASVS (b-5) 本文算法

(c-1) 原始图像 (c-2) NCUT (c-3) SSMGD

(c-4) HASVS (c-5) 本文算法

(d-1) 原始图像 (d-2) NCUT (d-3) SSMGD

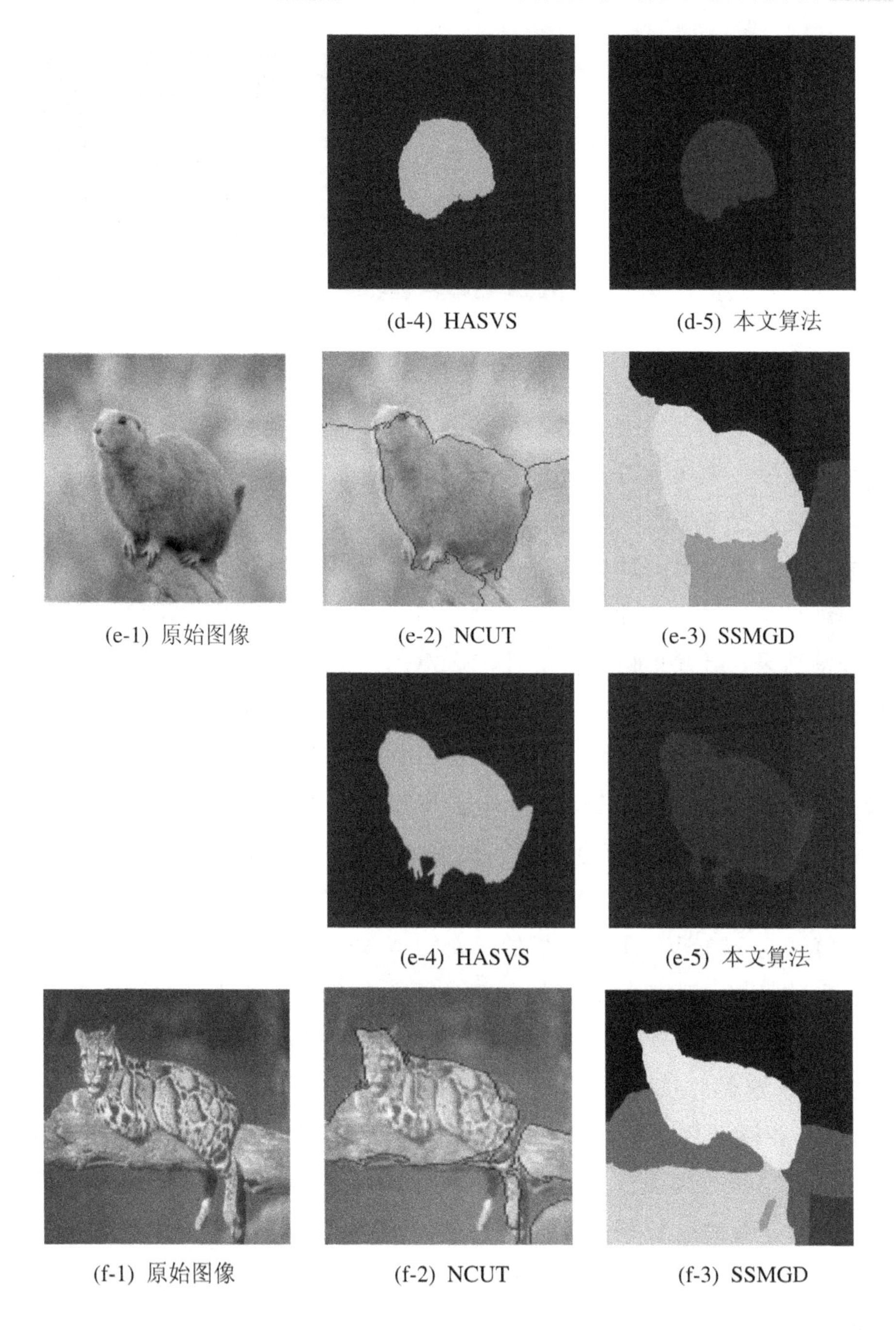

(d-4) HASVS　(d-5) 本文算法

(e-1) 原始图像　(e-2) NCUT　(e-3) SSMGD

(e-4) HASVS　(e-5) 本文算法

(f-1) 原始图像　(f-2) NCUT　(f-3) SSMGD

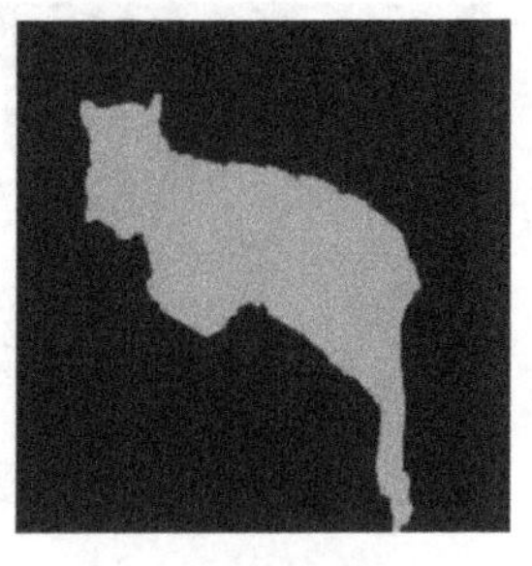
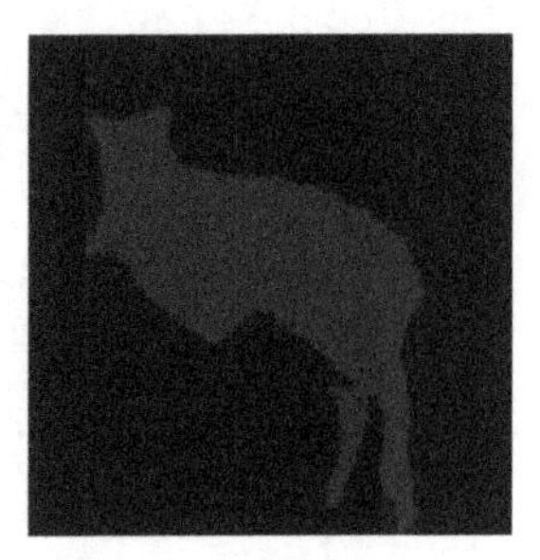

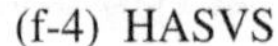
(f-4) HASVS　　(f-5) 本文算法

图 4.6　实验结果对比图

图中第一列为原始图像，第二列为标准归一化割算法(NCUT)的分割结果，第三列为基于多尺度图分解的谱分割算法(SSMGD)的分割结果，第四列为基于归一化割的自适应图像层次分割算法(HASVS)的分割结果，第五列为本文算法的分割结果。对比第二列至第五列三种算法的分割结果可以看出，NCUT 算法的分割效果都较差，基本不能得到正确的分割结果；当背景相对复杂时，SSMGD 算法存在严重的误分与目标分割不完整现象，而 HASVS 算法与本文算法都具有较好的分割结果；当背景比较简单且与目标特征差异较大时，如原始图像图 4.4(c-1)与图 4.4(d-1)，SSMGD 算法、HASVS 算法与本文算法都能够分割出较为完整的目标；在目标与背景边界过渡缓慢且差异极小的情况下，SSMGD 算法、HASVS 算法与本文算法都存在不同程度的目标分割不完整情况，但本文算法与 HASVS 算法分割的分割效果要更好一些，且本文算法在差异极小的目标与背景的交界处分割地更为精细，能够得到显著目标较为精确的分割结果。HASVS 算法的输入图像是原始图像，粗化的对象是从像素级开始的，虽然像素级图像较为精细，但出于计算量的考虑，HASVS 在权函数定义时只考虑了灰度差异，而本文算法结合多示例学习方法可以很快得到图像中的显著区域标记，且每个示例包中的示例特征矢量包含了反映目标信息的底层视觉特征和目标轮廓的中高层特征，在粗化伊始，就考虑了图像的全面特征，为后续处理提供了较为准确的分割依据，因此当目标与背景边界过渡缓慢且差异极小时，依然能得到较好的分割结果。对于大多数的测试图像，本文算法的层次迭代次数少于

HASVS 的迭代次数，大大降低了运算量与时间复杂度。

为了定量评价这三种算法，本章使用前述的五个评价指标中的 PRI、VI、GCE 与 P-R-F 柱状图对 500 张测试图像实验结果进行定量对比分析。PRI、VI、GCE 与 P-R-F 指标柱状图分别如图 4.7～图 4.10 所示。

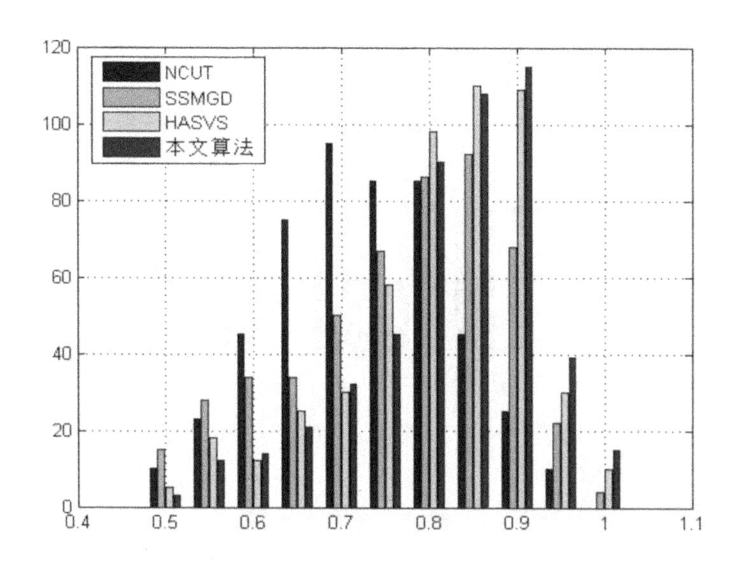

图 4.7 PRI 指标柱状图

图 4.7 中，NCUT 算法大部分分割结果的 PRI 值集中在 0.6～0.8 之间，分割效果较差；SSMGD 算法、HASVS 算法与本文算法大部分分割结果的 PRI 值均达到 0.75 以上，说明这三种算法在测试图像集上都能获得较为合理的分割结果；HASVS 算法与本文算法在 PRI 的 0.8～0.9 区间段上的 PRI 值接近，但本文算法在 0.95 区间段的 PRI 值略高于 HASVS 算法，证明本文算法要略好于 HASVS 算法。四种算法的 PRI 均值分别为 0.7278、0.7855、0.8463 和 0.8996，本文算法的 PRI 值更接近于 1，说明算法的分割效果更接近真实目标。由图 4.8～图 4.10 也可以看出，本文算法的 VI 与 GCE 值也相对集中在较低的区域，误差较小，F 指数也高于其他三种算法。上述四个指标都表明，本文算法的分割效果要优于其他三种算法。

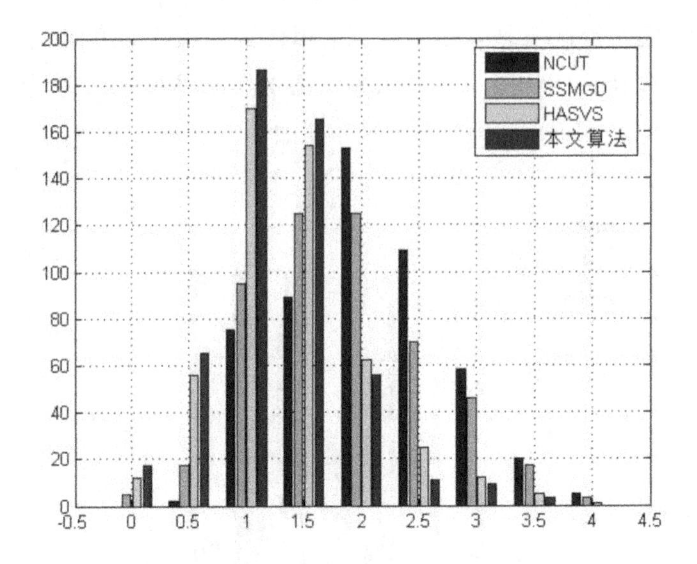

图 4.8 VI 指标柱状图

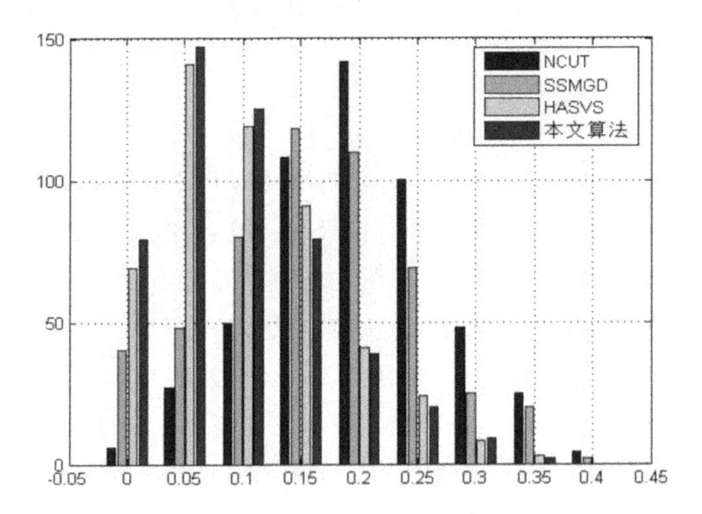

图 4.9 GCE 指标柱状图

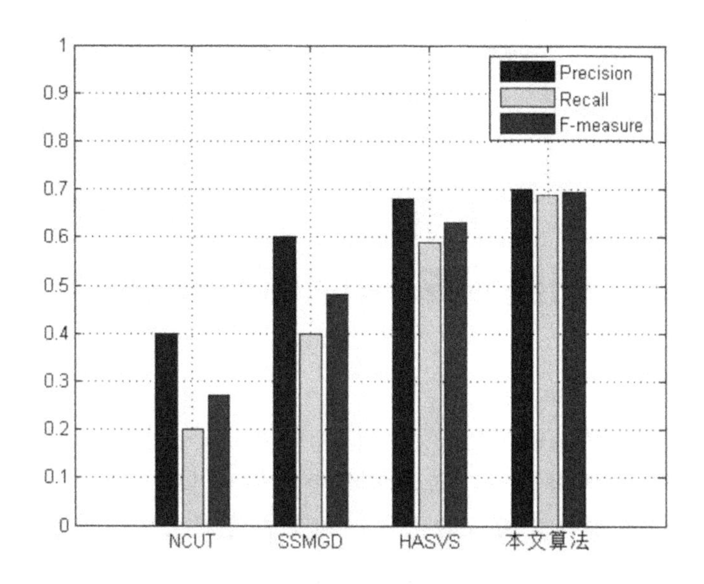

图 4.10 P-R-F 指标柱状图

4.3 本章小结

本章深入研究了 NCUT、SSMGD 与 HASVS 算法，在此基础上对基于归一化的图割方法进行了改进，采用基于多示例学习的显著性检测结果指导图像分割，依据示例特征矢量与示例包的标记对图割框架进行了优化，提出了一种基于图割优化的显著性目标分割方法。首先，概述了图的基本概念与算法的相关定义；其次，详细阐述了算法的具体实现步骤；最后，以图像库中的图像为测试图像，对算法进行实验与验证，并将基于图割优化的显著性目标分割方法与其他三种基于代价函数的图割方法的分割结果进行对比分析与定量评价。实验证明，对于边界过渡缓慢且特征差异度小的挑战性图像，本文算法与 HASVS 算法都具有较好的分割效果，但本文算法在边界细节与运算复杂度上要明显优于 HASVS 算法。

第五章 基于多示例学习与图割优化的弱对比度车辆目标分割算法

随着科学技术的进步，智能交通系统(Intelligent Transport System, ITS)已成为人类提高交通智能化程度和交通管理水平的重要手段。特别是随着计算机技术和传感器技术的快速发展，基于机器视觉的车辆检测及监控成为ITS中一个重要组成部分，对于完善ITS中的交通管理、交通信息采集、紧急事件管理及救援等都具有重要的作用。从交通监控图像中对感兴趣的车辆目标进行分割提取是基于机器视觉的车辆检测与车辆监控系统中的关键技术，其分割结果的精度直接影响车辆检测的准确性，并为后续车型分类、车辆识别与跟踪等提供依据。目前有许多关于车辆目标分割方法的研究，但大部分方法仍存在环境适应性较差等缺点，尤其是对于复杂交通场景、夜间场景或恶劣天气(如大雾、雨雪等)下的弱对比度目标分割难以获得令人满意的分割效果。

近年来，仿生物科学与认知神经心理科学等领域的发展推动了人类视觉感知与视觉系统的研究。人类视觉注意机制研究表明[207]：人对目标的识别过程，总是优先考虑最显著、最大限度与其他非目标区分的特征，然后依次使用次显著的特征，是一种序贯性的认知过程，并且人对目标的识别不是依靠单一的特征，而是一种多特征融合识别的过程。因此，对于车辆目标的分割，本章试图找到一种新的途径，借鉴人类的视觉注意机制，建立一个基于视觉显著性特征的车辆目标分割模型，不仅能在良好环境条件下准确分割完整车辆，并且具有一定的适应性和鲁棒性，能在夜间环境、阴影遮挡情况或极端环境(浓雾、大雨等)下较为准确地分割出交通场景中的弱对比度车辆目标。

鉴于此，本章基于江西某条高速公路上基于机器视觉的道路交通信息采集与检测系统平台，将其中线阵 CCD 摄像机采集的夜间高速公路道路图像数据作为研究对象，采用前面章节提出的基于多示例学习与图割优化的目标分割算法对夜间高速公路道路图像进行车辆目标的分割，以验证本文提出的算法在实际应用环境中的分割效果。

5.1　基于机器视觉的道路交通信息采集与检测系统

基于机器视觉的道路交通信息采集与检测系统由线阵 CCD 图像采集子系统、辅助照明子系统、车牌抓拍及识别子系统以及工业计算机控制子系统四大部分组成，主要包括线阵 CCD 摄像机、辅助照明大灯、专用高分辨率摄像机以及工控机等硬件设备。为了满足交通信息实时采集与检测的要求，高速公路上需设立多个检测断面并安装上述设备。图 5.1 所示为该系统一个检测断面的现场布局俯视图。

图中两个线阵 CCD 摄像机用于采集相邻一定距离(2 m)的两个道路断面上的线阵图像数据，其目的是通过相关匹配计算出车辆的瞬时速度，并利用采集的图像进行图像分割以提取车辆特征，为进一步的车型分类、车辆识别以及交通参数分析等提供有效依据。线阵 CCD 摄像机每次成像为检测断面的一条线，其帧速率大于 1000 帧/s，分辨率大于 1024 线。辅助照明灯用于晚间的成像补光，光源和线阵 CCD 摄像机垂直指向正下方。四台专用高清摄像机(包括近景摄像机、远景摄像机、辅助摄像机、全景摄像机)用于车辆/车牌的抓拍与识别，布设在路边的工业控制计算机负责所有算法和程序的控制。

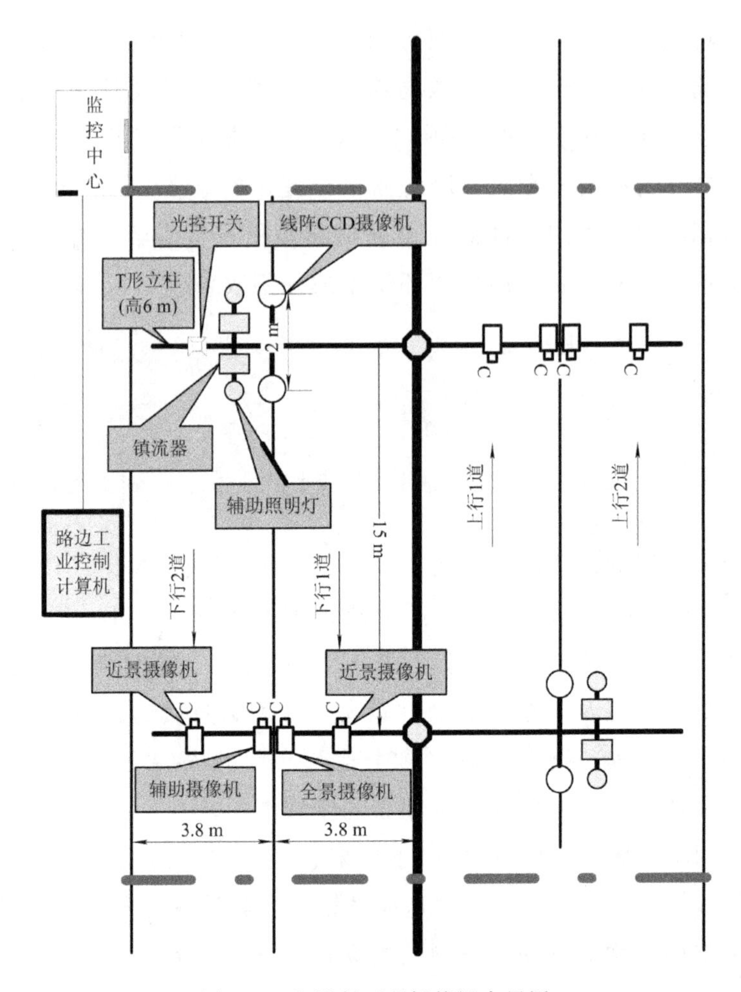

图 5.1 监测断面现场俯视布局图

5.2 基于多示例学习与图割优化的弱对比度车辆目标分割算法

5.2.1 车辆目标特征分析

基于上述平台，本文算法将其中一台线阵 CCD 摄像机采集的夜间高速公路道路图像数据作为研究对象，选取其中200张包含车辆目标且具有典型夜间特征的道路图像，将100张图像作为训练图像，学习高速公路夜间行驶车辆目标的底层视觉特征，采用本文算法对剩余的100张图像进行车辆目标的分割。部分训练图像如图5.2所示。

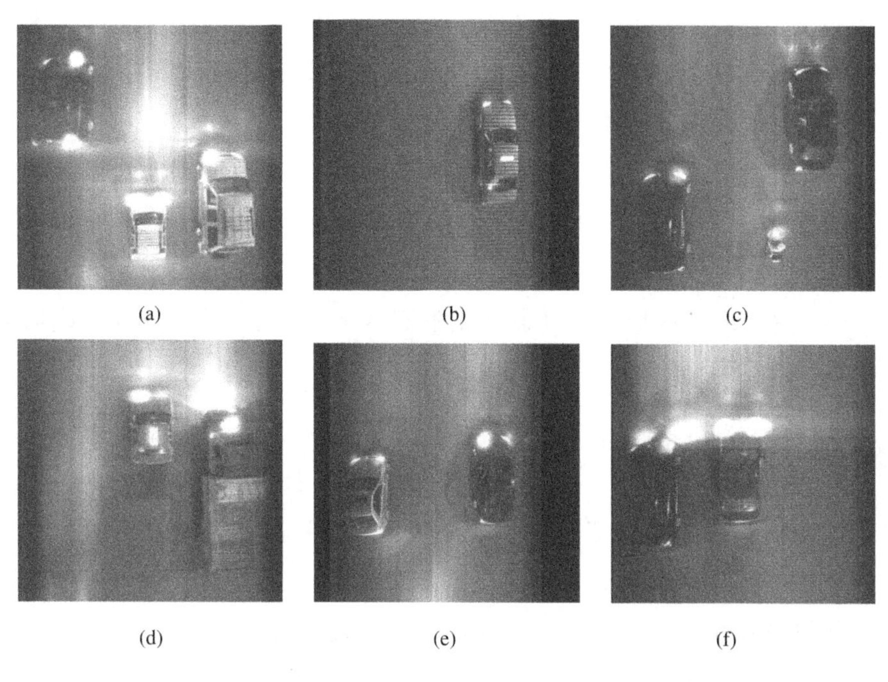

图5.2　训练图像

由训练图像可以看出，夜间高速公路道路图像是黑白图像，背景较为单一，车辆目标在整个场景中比较突出，但受到照明情况、场景中车辆的物理性质(特别是表面的反射性质)、成像系统的特性以及光源、物体和成像系统之间的空间关系等因素的影响，其中光照和阴影遮挡的影响最为突出。由于是夜间行车，图5.2每幅图像中的车辆目标都存在阴影干扰的情况。车辆阴影的存在会导致车体区域的扩大变形，甚至造成多车相连，严重影响车体的准确分割及车体信息的提取。另外，车灯的光照范围和强度也会在一定程度上影响目标分割，如图5.2(a)中右下白色轿车的远光大灯、(d)中右边货车的远光大灯和(f)中右边黑色轿车的远光大灯都会干扰自身及旁边车辆目标的分割。

综上可以得出，要想得到好的分割效果就要消除由光照形成的阴影。阴影是由于光源发出的光受到场景内物体的遮挡而产生的一种物理现象，包括自阴影和投射阴影。自阴影是指由于物体本身阻挡光源造成光照不均而显得较暗的部分；投射阴影是指物体在其他物体表面（如道路）上的影子。由基于机器视觉的道路交通信息采集与检测系统获取的大量包含车辆及其阴影的图像可以得出阴影区别于车辆目标的特征主要为：

（1）阴影所覆盖的路面的颜色和纹理不会发生显著性的改变。

（2）一般情况下，投射阴影亮度低于背景亮度，且相对于背景区域的亮度增益是一个小于 1 的数值；但在有车辆远光大灯的干扰下结果则相反。

（3）阴影内部区域的灰度值变化不剧烈，在梯度上表现平坦，或局部平坦。

5.2.2 算法具体步骤

结合阴影的上述特征，采用本文算法对夜间高速公路道路图像中的车辆目标进行分割。由于夜间高速公路道路图像是黑白图像，进行车辆目标分割的时候只考虑灰度和纹理两个底层视觉特征。

1. 训练阶段

对每一幅训练图像都执行以下步骤：

（1）灰度图像的取值范围为[0，255]，采用 3.1.1 节中的方法对训练图像的灰度值进行归一化，使每个亮度值都分布在区间[0，1]上，选取 8 个方向（0°、22.5°、45°、67.5°、90°、112.5°、135°、157.5°）和 3 个尺度（$r=3$、$r=5$、$r=10$），根据 3.1.2 节中的方法提取亮度梯度特征。

（2）依据 3.1.4 节中的方法构建滤波器组集合 Filters(n_f，filter，r，θ)，其中 filter=(fil_{cs}，fil_1，fil_2)，r=(5，10，20)，θ=(0°、22.5°、45°、67.5°、90°、112.5°、135°、157.5°)。将训练图像与构建的滤器组进行卷积，即 I_{gray} * Filters(n_f，filter，r，θ)，由此获得图像中任一像素点(x，y)相应的滤波响应向量，即 Tex(x，y)=(fil_1，fil_2，fil_3，…，fil_{n_f})，用来描述以某像

素点为中心的邻域的纹理特征向量。由训练图像可知，图像中的纹理具有空间重复的性质，如道路路面、车身、车窗、车灯区域等。假设将采集的夜间高速公路道路图像大小设为 500×512，则纹理特征向量就有 500×512 个。根据 2.1.1 节中纹理基元的思想，我们将训练图像的纹理特征向量通过聚类，将聚类中心所对应的纹理特征向量取出作为纹理基元。本章采用 K-means 方法对纹理特征向量进行聚类，经过 50 幅图像的试验，取 $K=32$ 作为初始值，32 个聚类中心对应的纹理特征向量作为纹理特征统计直方图中的 32 个 bin 标记，将训练图像通过滤波响应的纹理特征向量进行 bin 的标号分组，统计得到以单一像素为中心的邻域内左半圆与右半圆对应的两个纹理特征统计直方图，通过卡方距离计算两个归一化直方图之间的差异，得出单一像素在两个半圆分界线所在方向上的纹理梯度 TextureGradient(x, y)，如图 5.3 所示。

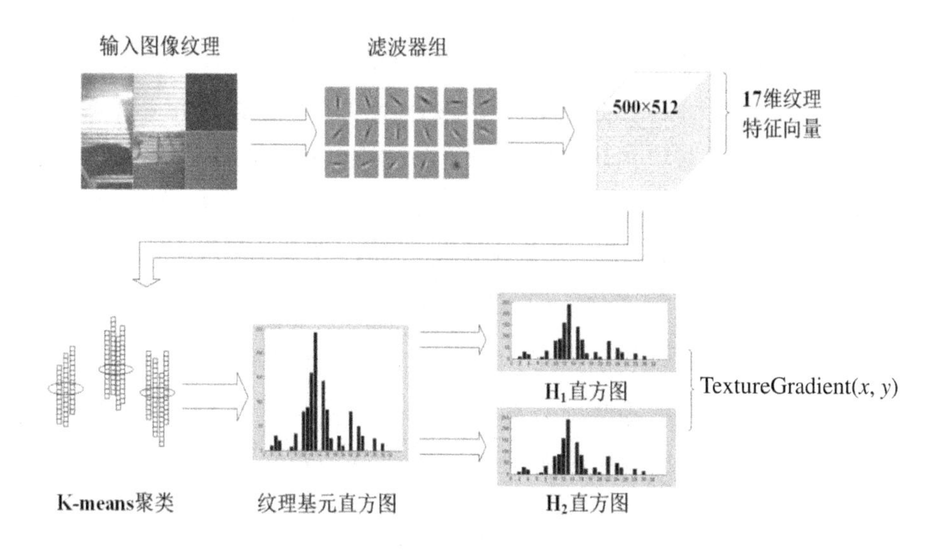

图 5.3　纹理梯度特征的形成过程

结合多示例学习的方法，采用超分割方法对图像进行区域分割，每个区域包含的最小像素数目设为 200。每个区域被当作一个包，对每个区域进行随机采样，将被采样区域中的像素当作示例，提取相应的亮度梯度特征与纹理梯度特征矢量作为采样示例特征矢量。根据采样示例特征矢量，采用多示例学习方法 EM-DD 算法进行分类器的训练。

2. 测试阶段

对每一幅测试图像都执行以下步骤：

(1) 测试图像如同训练图像一样，采用同样的方法进行梯度特征的提取以及超像素区域分割，将每个区域当作一个包，利用训练好的分类器找到最显著的示例特征矢量，以估计每个包的显著性，最后得到测试图像的显著性检测结果。

(2) 将图像的显著性检测结果作为图割算法的输入，依据包的显著性标记与示例特征矢量构建权函数与图割框架，如式(4.16)与式(4.17)。式(4.16)中，f_i，f_j 表示 i 与 j 示例包中分别对应的示例特征矢量，即道路图像的亮度梯度特征与纹理梯度特征向量合成18维的组合向量 $\text{Mixvector}_i=\{\text{BrightnessGradient}_i, \text{TextureGradient}_i\}$，则 $\text{Sim}(f_i, f_j)=\|\text{Mixvector}_i-\text{Mixvector}_j\|_2$。再根据4.2.1节所述方法，对输入图像进行粗化，每一次粗化，依据区域所映射的示例包的标记与包中示例的个数进行排序，选取前 K 个显著区域作为种子点参与下次粗化，并建立用于表示粗化前一层与粗化后一层之间关系的插值矩阵，如式(4.10)所示；根据显著度和底层视觉特征的相似性，确定 K 个显著区域所吸收合并的其他区域后，修正粗化后 K 个区域的显著度以及区域之间的相似权值，依据式(4.13)、式(4.14)与式(4.15)，进行层次迭代直至得到车辆目标区域为止，求解相似权值所表示的广义特征系统，求出广义次小特征值对应的特征向量，得到无向赋权图中显著目标区域的分割，最后通过逆差值运算细化边缘，得到图像的原始分割状态向量，即得到车辆目标区域的精确分割。

5.3 算法实验与评价

5.3.1 算法实验过程

为了验证本文算法对车辆目标分割的有效性，对200张测试图像进行手工分割。分割的标准是根据个人的主观感知，将图像中不同物体的边界描绘出来。手动分割采用自己开发的绘图程序，具有打开图像、缩放浏览、用两个像素宽度的钢笔工具绘制图像边界、以黑白二值图像的形式保存等功能。每幅图像有 6～10 个参与者进行分割，每个参与者不对同一幅图像进行重复分割。图 5.4 给出部分测试图像的手工分割结果。

(a-1) 原始图像

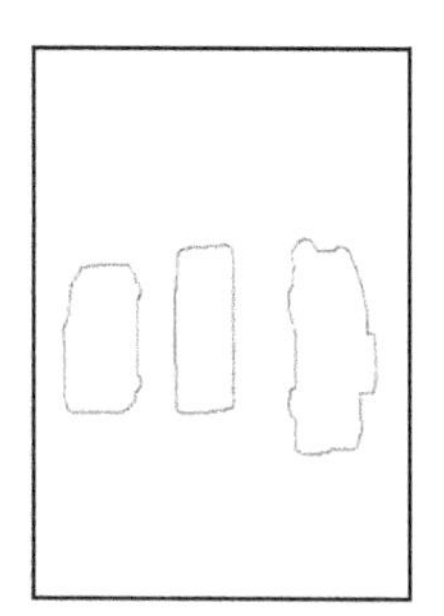

(a-2) 手动分割结果 1

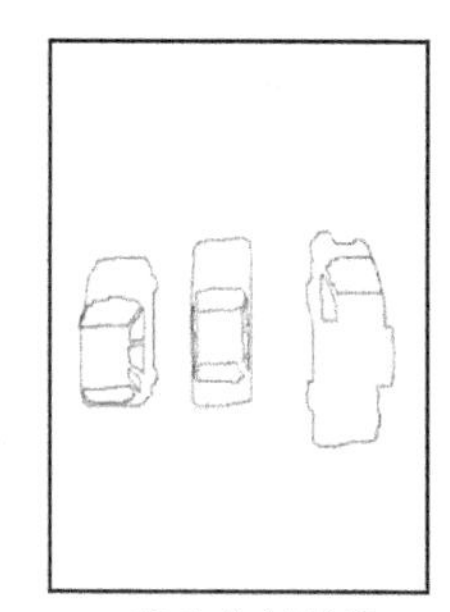

(a-3) 手动分割结果 2

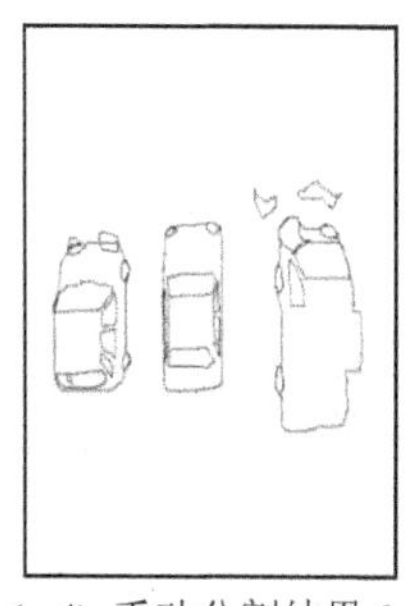

(a-4) 手动分割结果 3

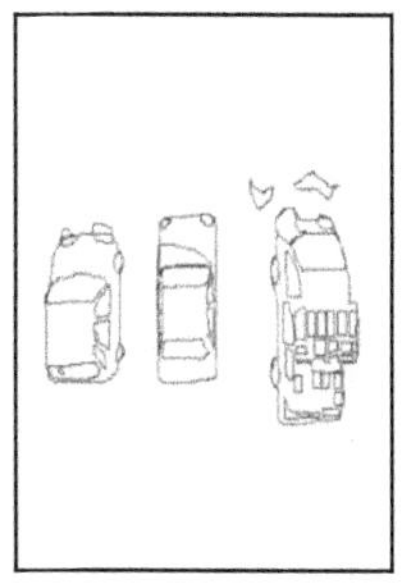

(a-5) 手动分割结果 4

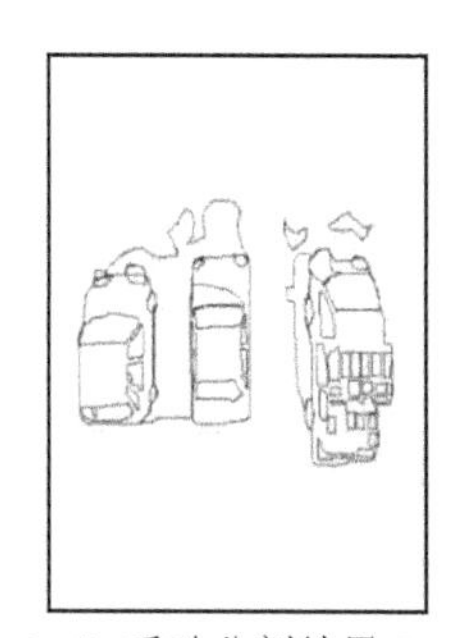

(a-6) 手动分割结果 5

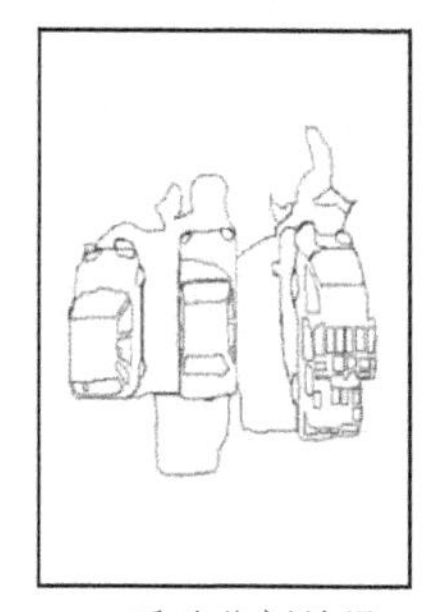

(a-7) 手动分割结果 6

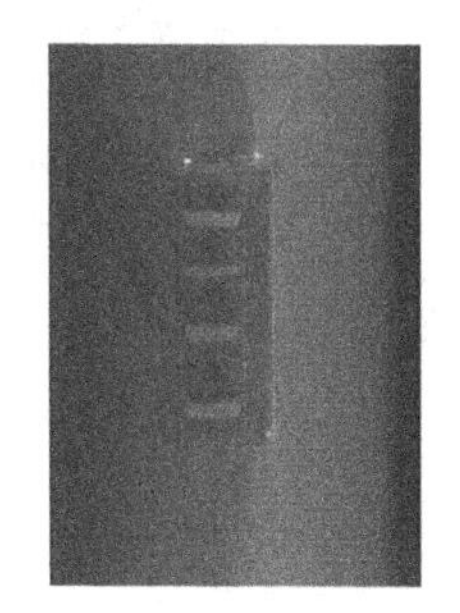

(b-1) 原始图像

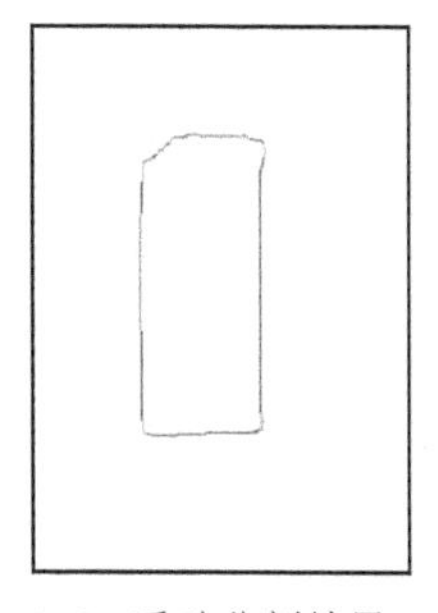

(b-2) 手动分割结果 1

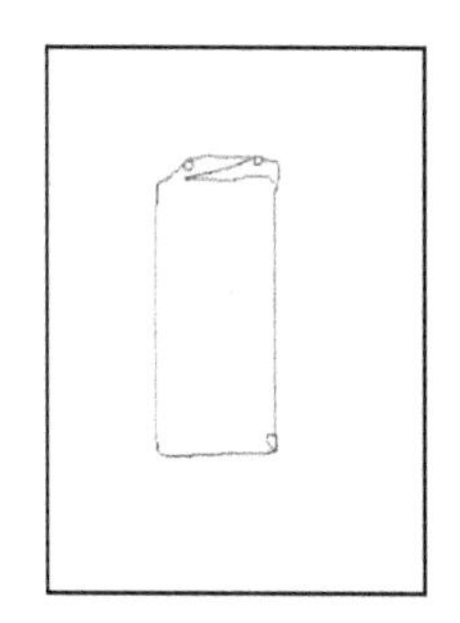

(b-3) 手动分割结果 2

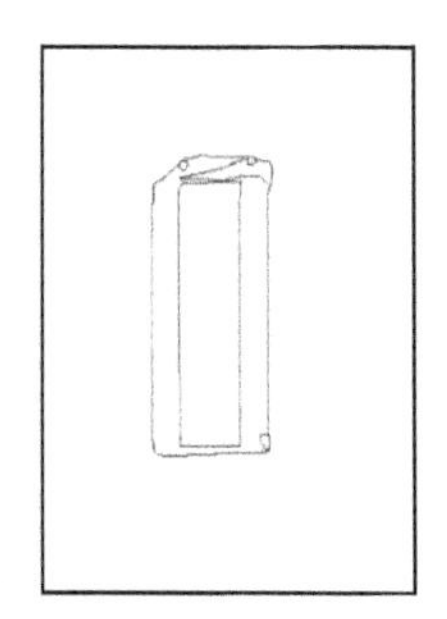

(b-4) 手动分割结果 3

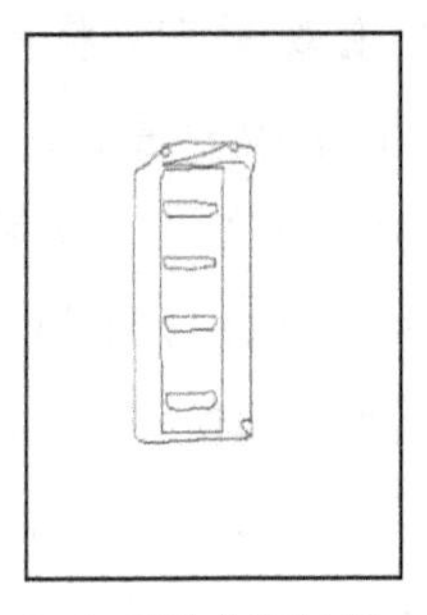
(b-5) 手动分割结果 4

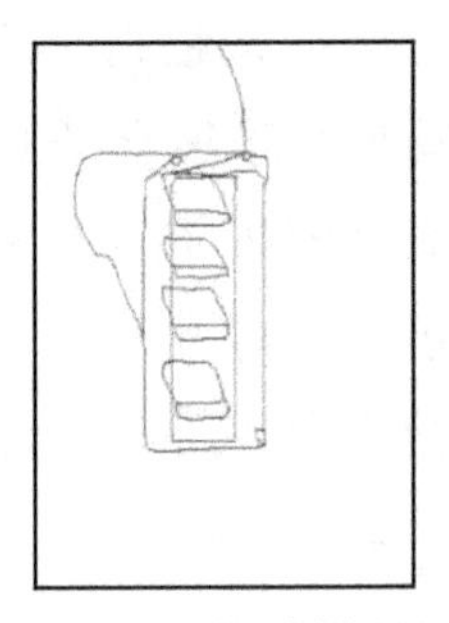
(b-6) 手动分割结果 5

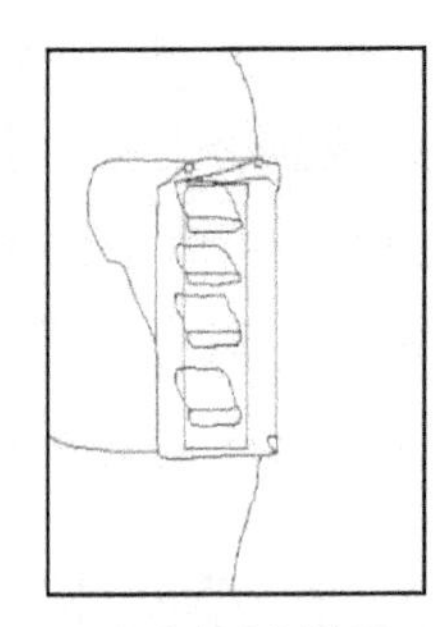
(b-7) 手动分割结果 6

(c-1) 原始图像

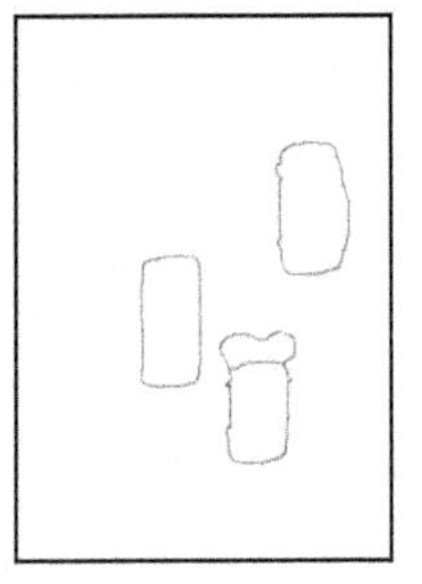
(c-2) 手动分割结果 1

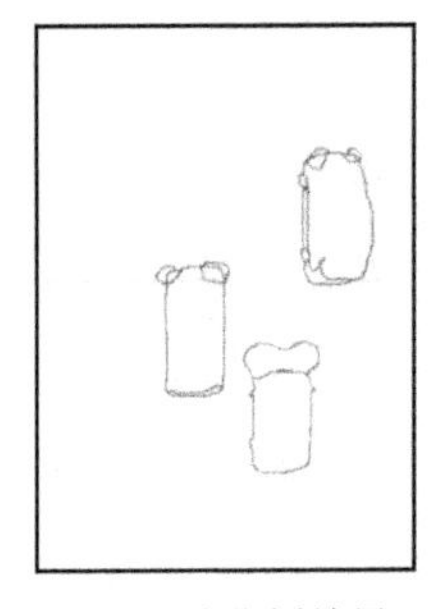
(c-3) 手动分割结果 2

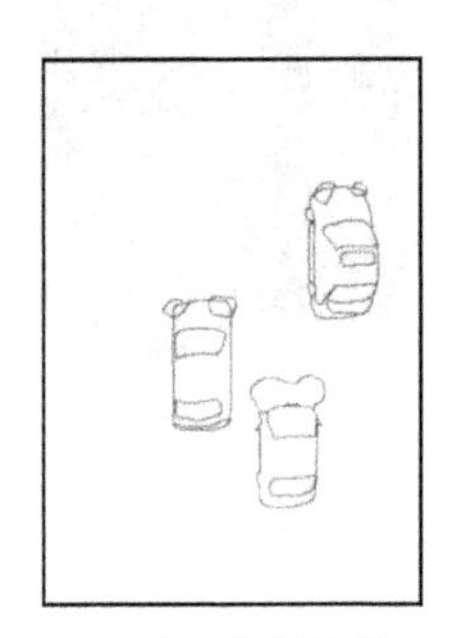
(c-4) 手动分割结果 3

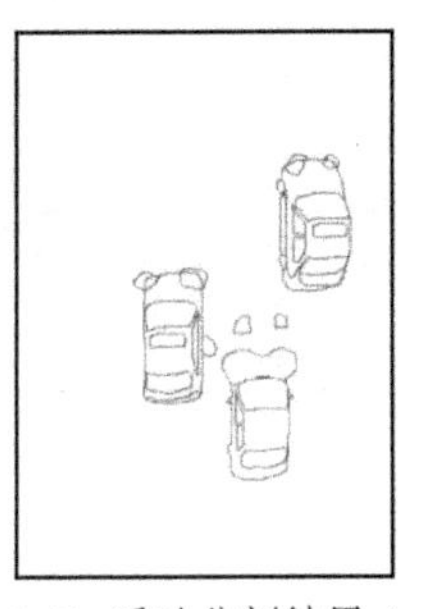
(c-5) 手动分割结果 4

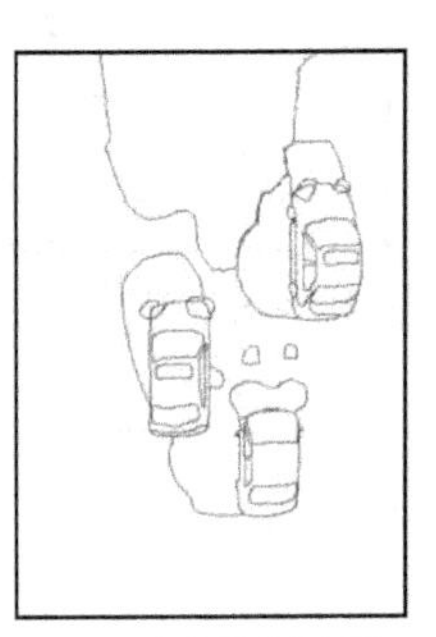
(c-6) 手动分割结果 5

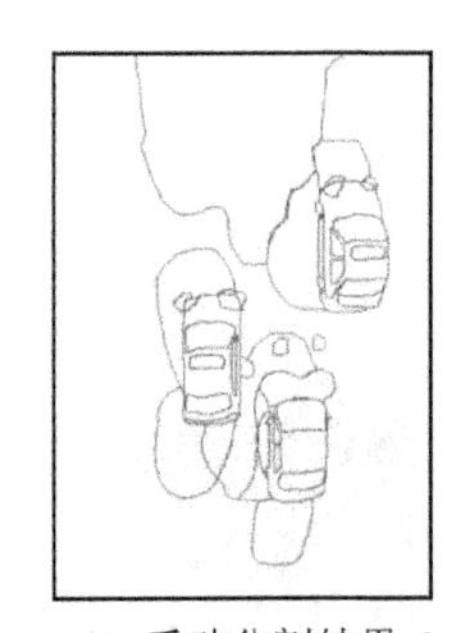
(c-7) 手动分割结果 6

图 5.4　手动分割参考图

采用 5.2 节算法对有基准分割结果的 100 张测试图像进行车辆目标的分割，并给出部分实验结果，如图 5.5 所示。

(a-1) 测试图像

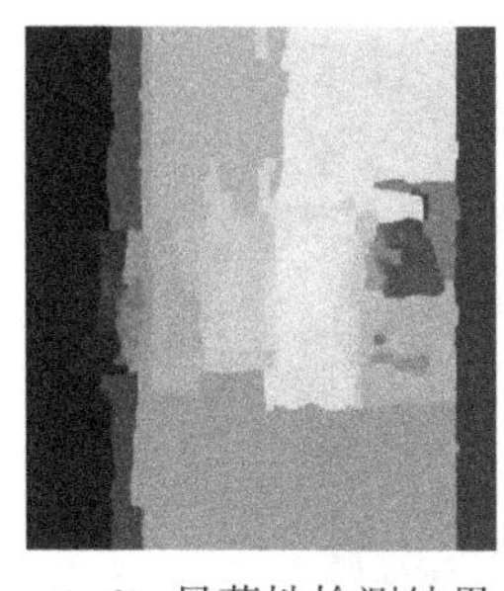
(a-2) 显著性检测结果

(a-3) 粗化过程 1

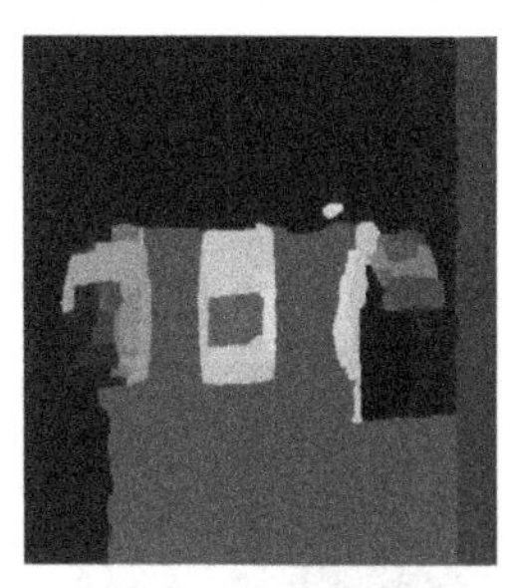
(a-4) 粗化过程 2

(a-5) 分割结果

(b-1) 测试图像

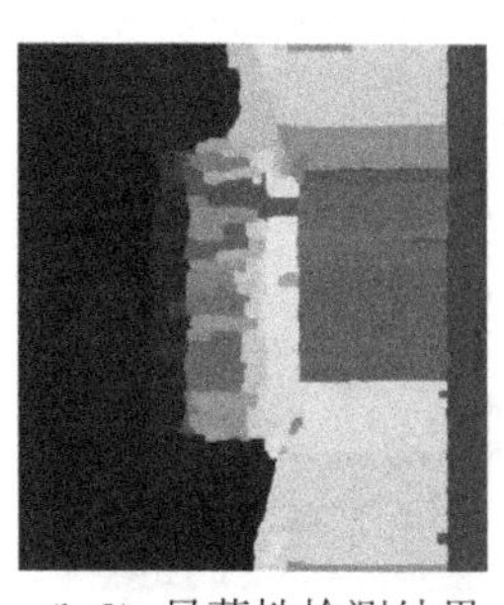
(b-2) 显著性检测结果

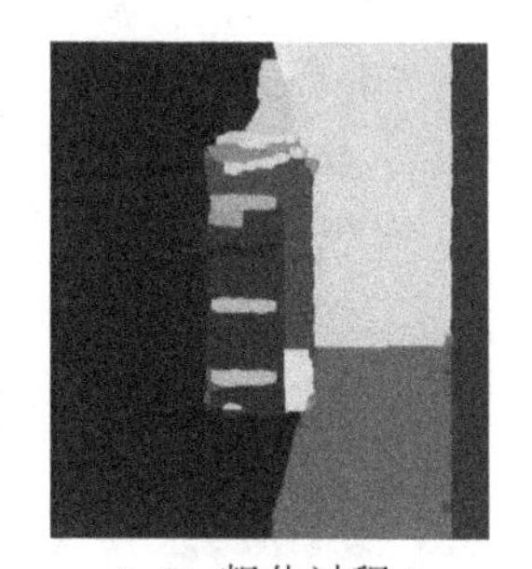
(b-3) 粗化过程 1

(b-4) 粗化过程 2

(b-5) 分割结果

(c-1) 测试图像

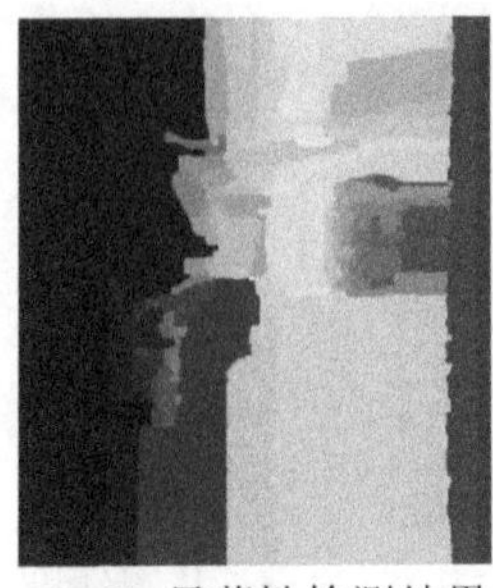
(c-2) 显著性检测结果

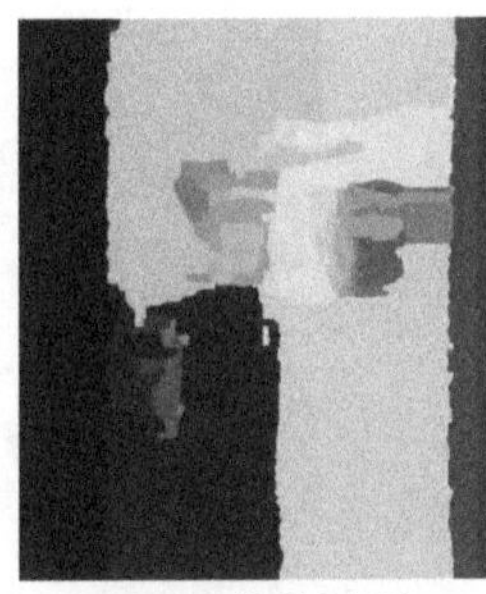
(c-3) 粗化过程 1

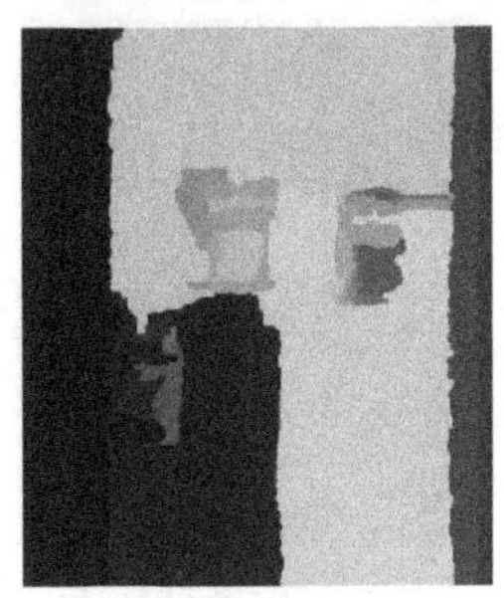
(c-4) 粗化过程 2

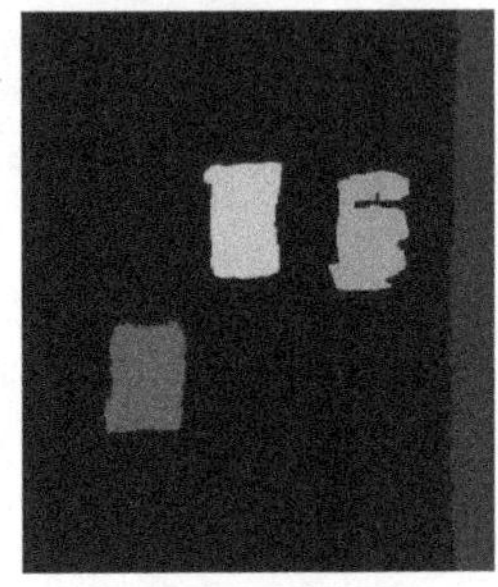
(c-5) 分割结果

(d-1) 测试图像

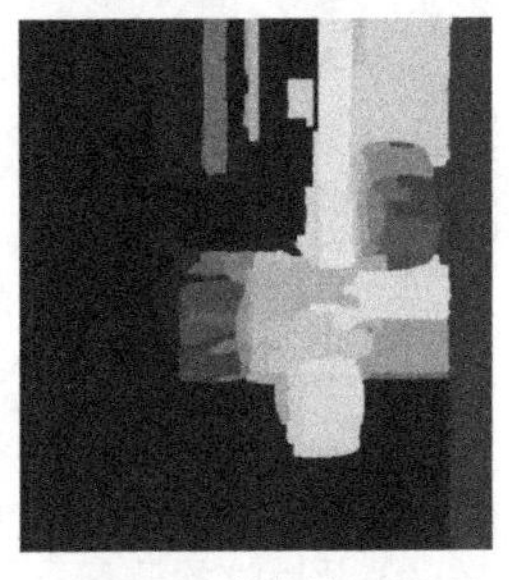
(d-2) 显著性检测结果

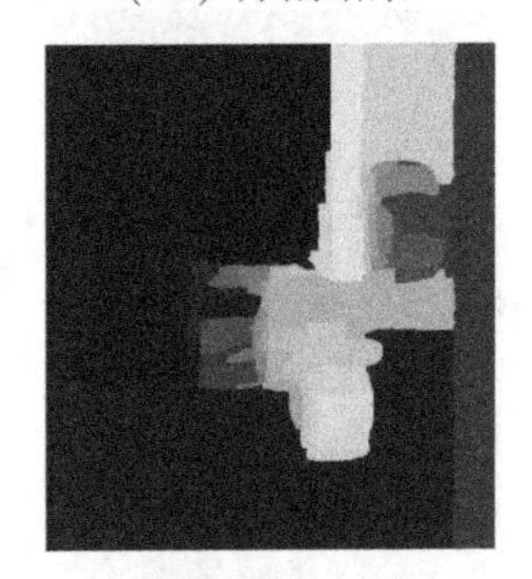
(d-3) 粗化过程 1

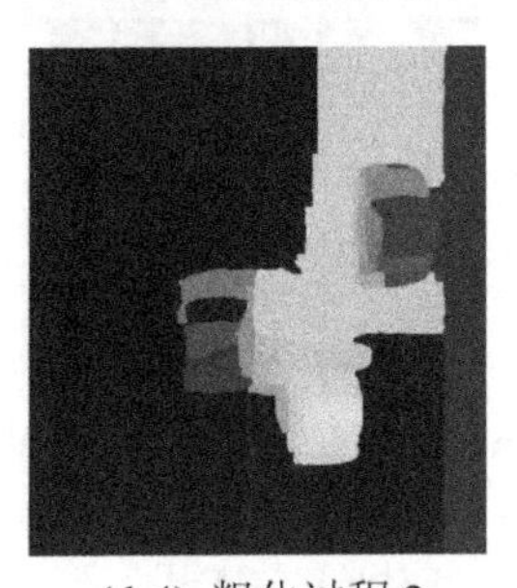
(d-4) 粗化过程 2

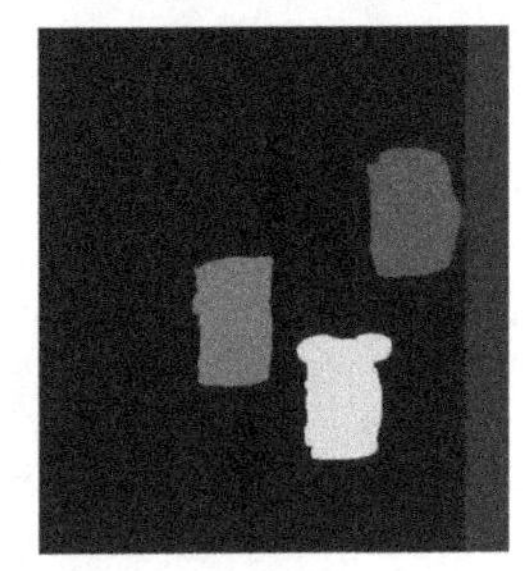
(d-5) 分割结果

(e-1) 测试图像

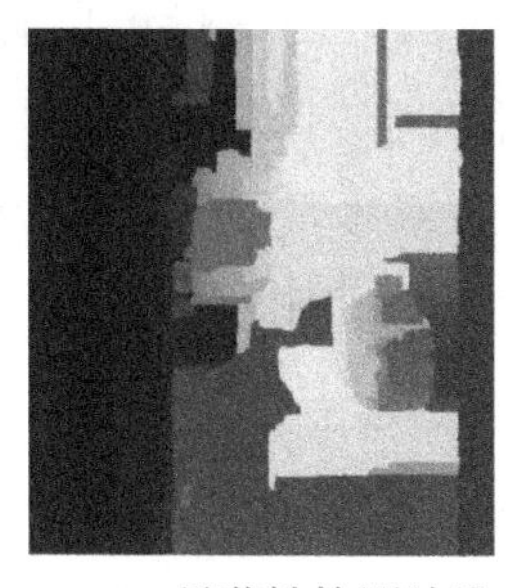
(e-2) 显著性检测结果

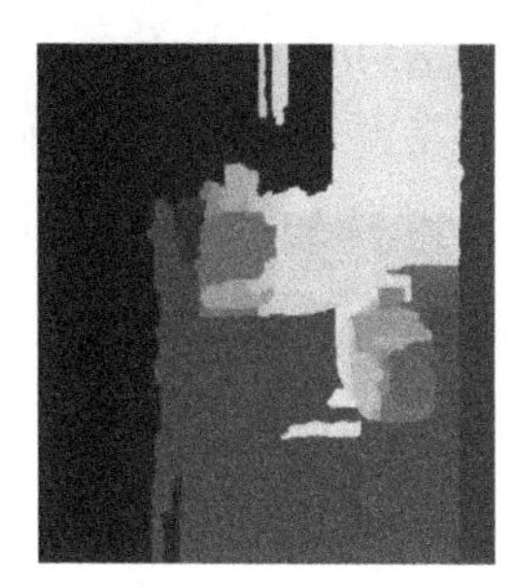
(e-3) 粗化过程 1

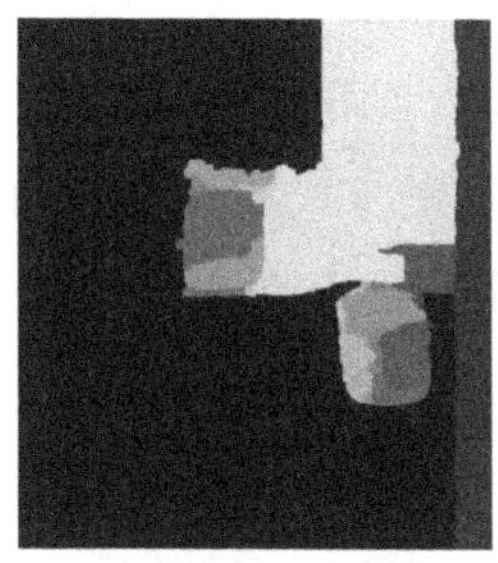
(e-4) 粗化过程 2

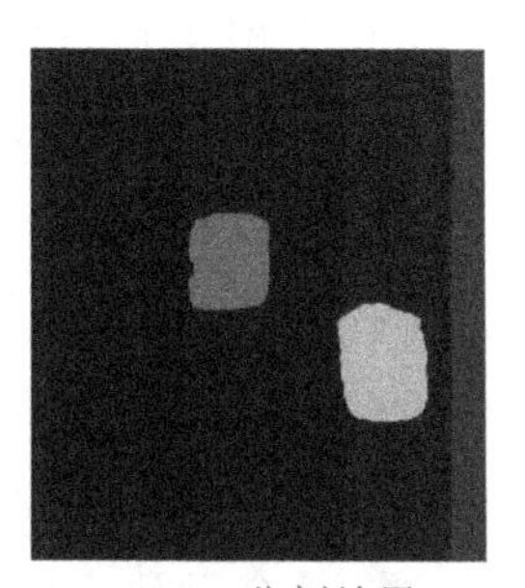
(e-5) 分割结果

图 5.5 本文算法实验过程

由图 5.5 的分割结果可以看出，大部分车辆目标都能够被准确地分割出来，只有少部分车辆存在车体分割不完整的情况。如图 5.5(a-1)图像中皮卡货车的敞篷后车厢所载货物的亮度值较低与路面亮度值接近，纹理特征杂乱，还有一个重要因素是图 5.5(a-1)图像中有三辆车，相比之下皮卡货车的敞篷后车厢所载货物视觉特征显著性也较差，在层次合并的迭代过程中，皮卡货车的敞篷后车厢中货物目标被合并至相邻的路面区域，导致皮卡货车目标的车体分割失败，只分割出车头部分，如图 5.5(a-5)所示。而在图 5.5(b-1)图像中，虽然皮卡货车的敞篷后车厢所载货物的亮度值较低与路面亮度值接近，但敞篷后车厢所载货物纹理空间重复性较强，易于粗化过程的合并，还有一个重要因素是图(b-1)图像中皮卡货车是唯一的目标，视觉特征显著性强，因此，本文算法仍然能获得好的车辆目标分割效果，如图 5.5(b-5)所示。图 5.5(c-1)图像同样是多车目标，由图 5.5(c-5)分割结果可以看出，右一车辆目标的车体分割不完整，因其车体前盖有自阴影与投射阴影存在，底层视觉特征和路面的差异较小，但车辆的基本轮廓还是很明显的。图 5.5(d-1)与(e-1)多车图像中，虽然有车灯和阴影的干扰，但多个车辆目标的显著度都较高，且车体与路面底层视觉特征差异较大，采用基于图割框架的显著车辆目标分割方法保证了分割结果中车体内部相似性高而与路面的特征相似性低，能够得到完整的车辆目标。

综上分析得出，本章基于多示例学习的显著性检测方法在最大程度上保证了检测出车辆目标的存在，因此对于所有的车辆目标都能够精准地检测出来；根据车辆目标、车灯及车辆阴影的属性，构建的基于图割优化的目标分割方法中的权函数与代价函数，保证了大部分车辆目标能准确地分割出来，只有少部分车辆存在车体分割不完整的情况。针对图 5.5(a-1)与(c-1)这类图像，如果在分类器的学习阶段，调整底层视觉特征与显著性相应的权值参数，就能较好地改进本文算法对这类图像的分类效果，这将是今后研究的一个方向，使算法更加具有鲁棒性。

5.3.2 实验结果对比

通过 4.2.2 节的实验可以看出，HASVS 的算法非常适合目标灰度相近、纹理方向差异较大的图像目标分割，而本章的测试图片中在夜间弱对比度的情况下车辆目标与路面的纹理梯度特征差异并不是十分大，经过实验，HASVS 的算法分割效果较差；而标准的归一化割算法只选择前 K 个主特征向量进行聚类，计算复杂度高且不具有好的分割效果。因此只将论文算法与 SSMGD 进行比较，实验结果对比如图 5.6 所示。通过实验结果对比，可以看出，SSMGD 算法对于相对路面对比度较高的车辆目标能够得到较为完整的车辆目标，如图 5.6(a-1)中间的白色车辆目标与图 5.6(d-1)中间的白色车辆目标，但对于弱对比度车辆目标基本是分割失败的，而本文算法能够将夜间高速公路道路图像中大部分的车辆目标分割出来，尤其是弱对比度车辆目标的分割效果要明显优于 SSMGD 算法。

(a-1) 原始图像

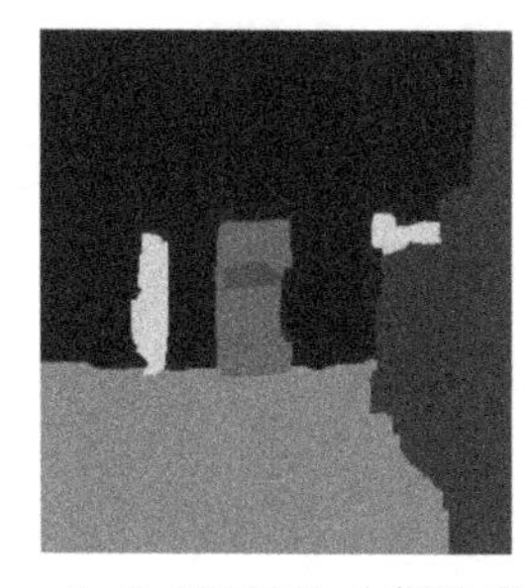
(a-2) SSMGD 分割结果

(a-3) 本文算法分割结果

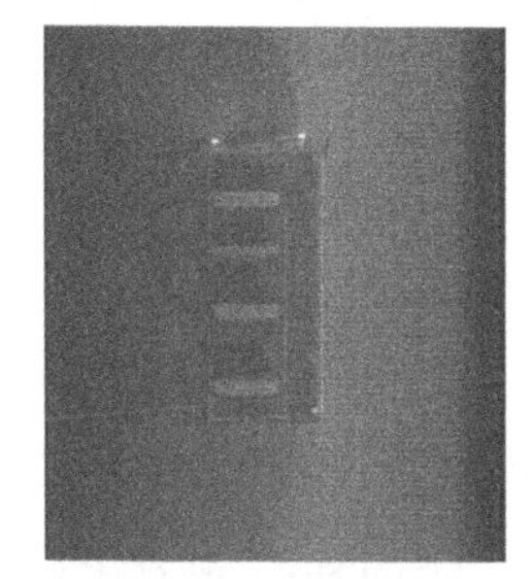
(b-1) 原始图像

(b-2) SSMGD 分割结果

(b-3) 本文算法分割结果

(c-1) 原始图像

(c-2) SSMGD 分割结果

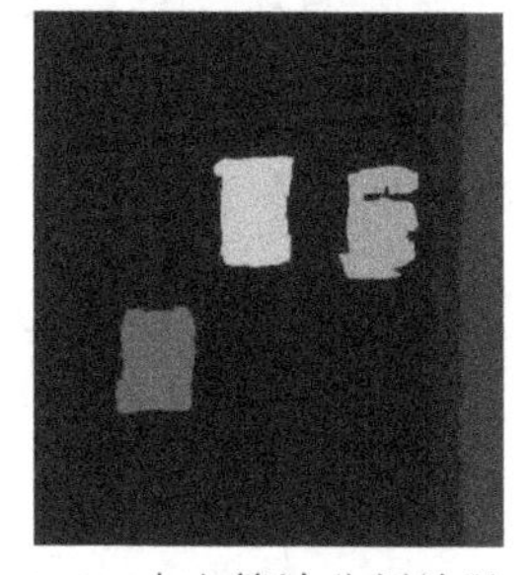
(c-3) 本文算法分割结果

(d-1) 原始图像

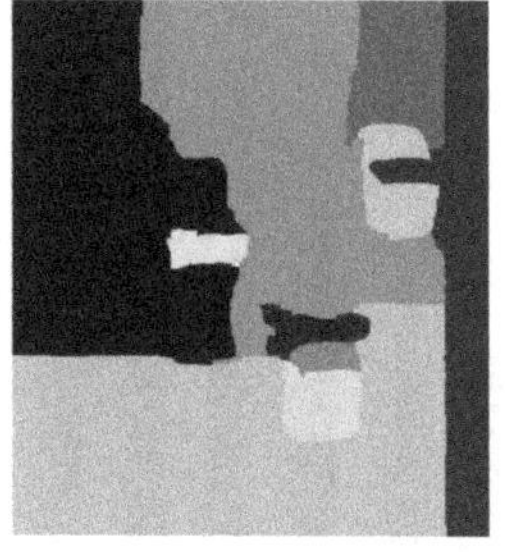
(d-2) SSMGD 分割结果

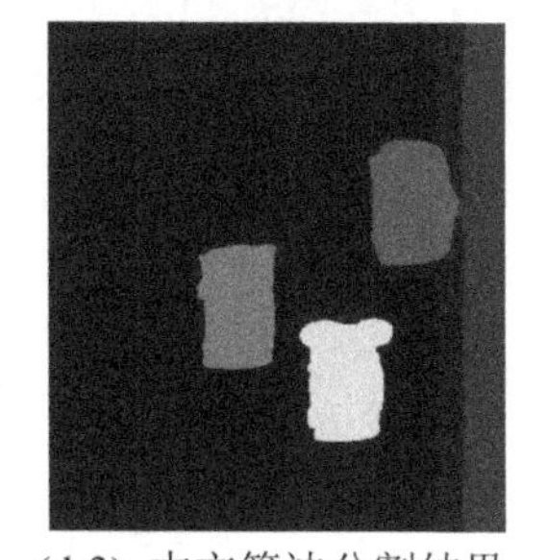
(d-3) 本文算法分割结果

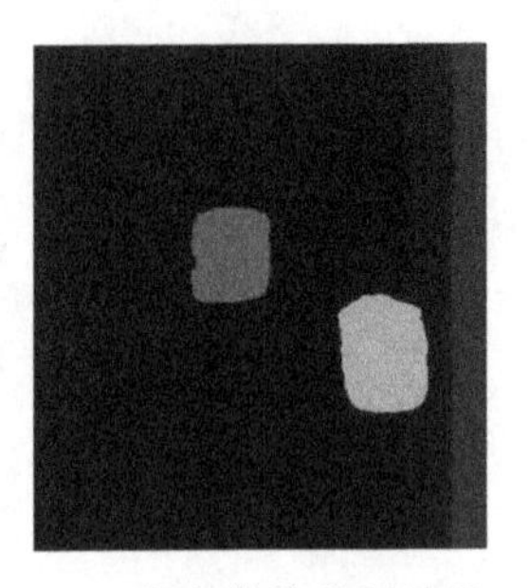

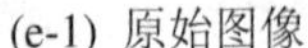
(e-1) 原始图像　(e-2) SSMGD 分割结果　(e-3) 本文算法分割结果

图 5.6　实验结果对比图

5.3.3 算法评价分析

为了评价本文算法对车辆目标的分割效果，采用 4.2.2 节所述的 PRI、VI、GCE 和 P－R－F 指数对本文算法和 SSMDG 算法进行定量评价分析。由图 5.7～图 5.10 可以看出，本文算法对真实图像分割效果的 PRI 值超过 0.8 的占 80%；VI 与 GCE 值也相对集中在较低的区域，误差较小；本文算法的 F 指数达到了 0.66，而 SSMGD 算法只有 0.47。上述四个指标都表明，本算法在真实图像的分割效果要明显优于 SSMGD 算法。

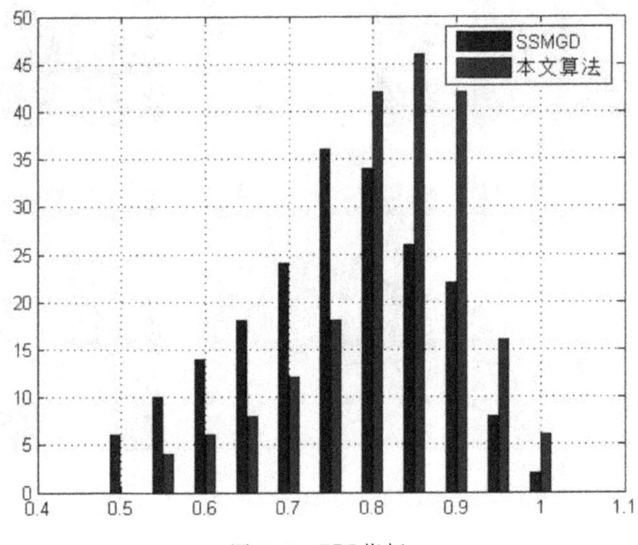

图 5.7　PRI 指标

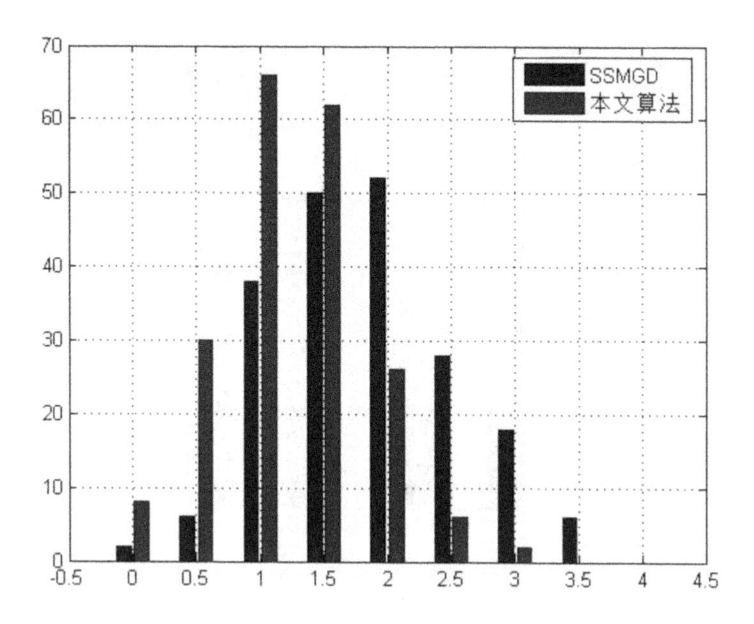

图 5.8　VI 指标

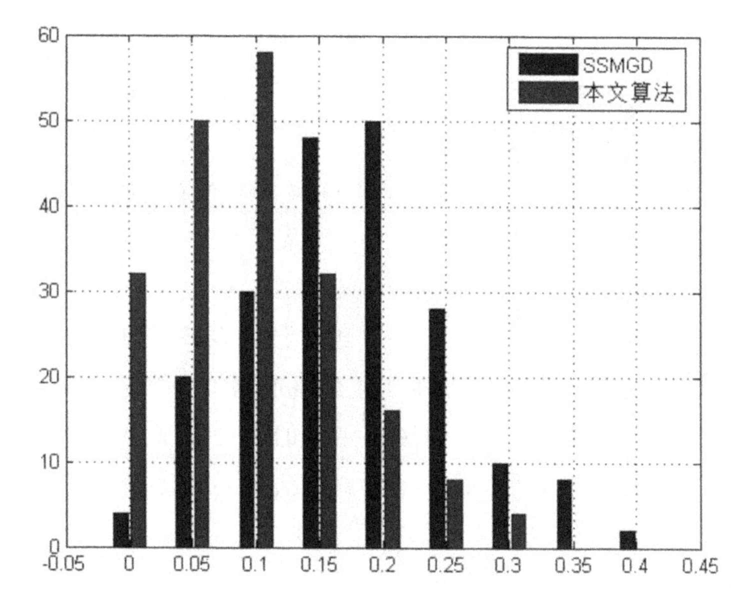

图 5.9　GCE 指标

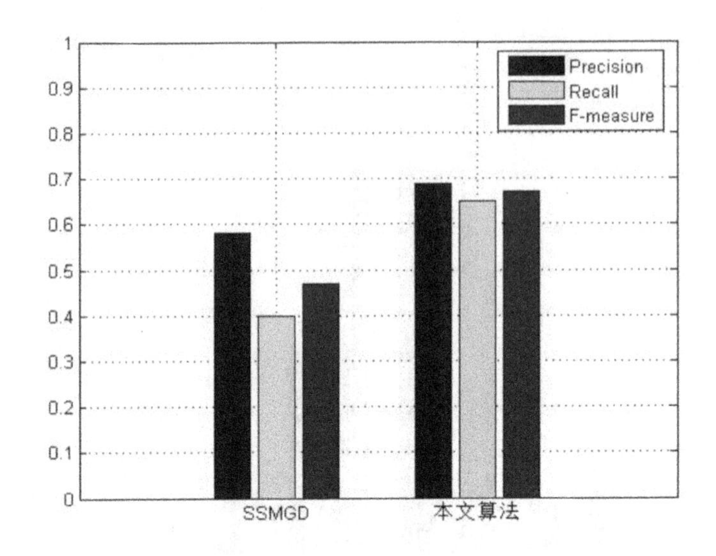

图 5.10 P-R-F 指数

5.4 本章小结

对于夜间场景下的弱对比度车辆目标的分割，目前大部分车辆目标分割方法都难以得到令人满意的分割效果，主要归因于易受到车灯与阴影遮挡的干扰影响。针对这一问题，本章深入研究了图像中车体、路面与车体阴影的底层视觉特征及中高层语义特征，提出了一种基于多示例学习与图割优化的弱对比度车辆目标分割算法。首先，简述了基于机器视觉的道路交通信息采集与检测系统的组成结构及系统功能；然后，以系统中线阵 CCD 摄像机采集的夜间高速公路道路图像数据作为实验对象，分析了图像中车辆目标、车辆阴影及路面的灰度特征与纹理特征，采用基于多示例学习与图割优化的目标分割算法对弱对比度车辆进行了目标分割；最后，将本章算法与 SSMGD 算法的分割结果和手动分割结果进行了对比分析与定量评价。实验证明，本文算法能够将夜间高速公路道路图像中的大部分车辆目标实现完整分割，为后续的车型分类与车辆识别提供了准确的依据。

第六章 结论与展望

结论

本文针对图像显著性检测与基于图论方法的目标分割领域中存在的问题，深入研究了图像三种梯度特征的检测方法和四种多示例学习方法，将多示例学习方法引入至图像显著性检测，提出了一种基于多示例学习的图像显著性检测方法，进一步根据图像显著性检测结果，对基于归一化的图割框架进行了改进，将图像的显著度引入代价函数，提出了一种基于图割优化的显著目标分割算法。最后针对夜间高速公路道路图像的特点，提出了一种基于多示例学习与图割优化的车辆目标分割算法。具体来说，本文的主要工作包括以下几个方面：

(1) 分析和总结了现有的图像目标显著性检测方法与基于图论的图像分割方法，并按照不同的分类对这些传统的及最新的方法进行了全面综述；重点深入地分析和详述了自底向上的显著性检测方法、多示例学习方法及基于代价函数的图割方法。

(2) 针对目前显著性检测大多基于非监督模型、对特定种类的图像适应能力不足和鲁棒性较差等问题，提出了一种结合多示例学习的目标显著性检测方法，赋予显著性检测算法一定的学习能力，设计了图像亮度梯度特征、颜色梯度特征与纹理梯度特征等底层视觉特征的检测方法，研究了四种不同的多示例学习方法 Bag-SVM、Ins-SVM、APR 与 EMDD，根据训练图像的特点学习出适合特定种类图像的显著图计算模型，并将这四种基于多示例学习的显著性检测方法与目前比较流行的几种显著性检测方法进行显著性检测结果的对比分析与定量评价。实验证明，本算法学习到的显著性检测模型具有很强的适应性，显著性检测结果的目标内部显著度更趋于一致，且与背景具有更大的区分度。

(3) 深入研究了 Ncut、SSMGD 与 HASVS 算法，并在此基础上对基于归一化的图割方法进行了改进，通过采用基于多示例学习的显著性检测结果指导图像分割，提出了一种基于图割优化的显著性目标精确分割方法。该方法将图像的显著度引入代价函数，依据示例特征矢量与示例包的标记对图割框架进行了优化，通过凝聚层次聚类使图和图对应的分割状态向量在不同层次均得到粗化，通过图的粗化，降低了代价函数中相似度矩阵对应广义特征系统求解的时间复杂度，并通过逆差值运算在不同层次上对目标区域的边界进行精确描绘，最后得到显著目标的精确分割方法。实验证明，对于边界过渡缓慢且特征差异度小的挑战性图像，本文算法具有较好的分割效果。

(4) 针对夜间高速公路道路图像的特点，提出了一种基于多示例学习与图割优化的弱对比度车辆目标分割方法。本文以基于机器视觉的道路交通信息采集与检测平台为基础，以平台中线阵 CCD 摄像机采集的夜间高速公路道路图像数据作为实验对象，在详细阐述了图像中弱对比度车辆目标、车辆阴影及路面的灰度特征与纹理特征的检测方法后，将其用于训练图像学习模型的建立，结合多示例学习 EMDD 方法对图像中弱对比度车辆目标进行了显著性检测，并将显著性结果引入代价函数，依据示例特征矢量与示例包的标记对图割框架进行了优化，采用了基于代价函数的图割方法对弱对比度车辆目标实现精确分割，验证了本算法对真实图像的分割效果。

展望

本文对自底向上的显著性检测、多示例学习方法及基于归一化割框架的图割方法进行了深入研究，并进行了一些改进与创新，通过大量实验验证了本文的研究成果能够在一定程度上解决显著性检测与图像分割领域中的一些问题，但仍然有许多方面有待进一步深入研究和完善，具体包括以下两个方面：

（1）通过机器学习相关方法从特定的训练样本中获取更为广泛的先验知识，是显著性检测与图像分割领域一个重要的趋势。虽然本文提出的基于多示例学习的显著性检测算法能够从训练图像中提取底层视觉特征进行显著性检测模型的学习，但没有涉及图像更多的高层特征，而对于高层图像特征的表达和利用将会对算法性能有较大的改善，下一步的工作也将集中于此。

（2）本文提出的基于多示例学习与图割优化的目标分割算法的分割对象，主要针对图像库彩色图像目标与夜间高速公路道路图像中车辆目标，都是基于静态图像进行目标分割的，不能直接应用到动态目标的实时分割中，因此需要考虑显著性计算模型构建的计算复杂度与图割优化算法的计算并行化，利用 GPU 多线程处理来加速算法，将是下一步工作研究的主要方向。

参考文献

[1] Itti L，Koch C，Niebur E. A model of saliency-based visual attention for rapid scene analysis[J]. IEEE Transactions on pattern analysis and machine intelligence，1998，20(11)：1254－1259.

[2] Kafai M，Bhanu B. Dynamic Bayesian networks for vehicle classification in video[J]. Industrial Informatics，IEEE Transactions on，2012，8(1)：100－109.

[3] Chinchkhede D W，Uke N J. Image segmentation in video sequences using modified background subtraction[J]. International Journal of Computer Science & Information Technology，2012，4(1)：93－104.

[4] Bowyer K W，Hollingsworth K，Flynn P J. Image understanding for iris biometrics：A survey[J]. Computer vision and image understanding，2008，110(2)：281－307.

[5] Guijarro M，Pajares G，Riomoros I，et al. Automatic segmentation of relevant textures in agricultural images[J]. Computers and Electronics in Agriculture，2011，75(1)：75－83.

[6] Li Y，Li J，Chapman M A. Segmentation of SAR intensity imagery with a Voronoi tessellation，Bayesian inference，and reversible jump MCMC algorithm[J]. Geoscience and Remote Sensing，IEEE Transactions on，2010，48(4)：1872－1881.

[7] 闫富荣，魏臻，樊秀梅，等. 基于模糊联合误差的红外图像边缘检测方法[J]. 天津理工大学学报，2011，27(1)：33－37.

[8] 贺延涛，徐琪，唐亮，等. 基于纹理特征的磁片表面刀纹缺陷检测[J]. 计算机工程与科学，2012，34(6)：88－92.

[9] 王元全，贾云得. 一种新的心脏核磁共振图像分割方法[J]. 计算机学报，2007，30(1)：129－136.

[10] Turetken E，Benmansour F，Fua P. Automated reconstruction of tree structures using path classifiers and mixed integer programming[C]//Computer Vision and Pattern Recognition (CVPR)，2012 IEEE Conference on. IEEE，2012：566－573.

[11] Jiang G，Wong C Y，Lin S C F，et al. A Review for Image Segmentation Approaches Using Module-Based Framework[C]//The 8th International Conference on Robotic，Vision，Signal Processing & Power Applications. Springer Singapore，2014：169－179.

[12] Koch C，Ullman S. Shifts in selective visual attention：towards the underlying neural

circuitry[M]//Matters of Intelligence. Springer Netherlands, 1987: 115 - 141.

[13] Achanta R, Hemami S, Estrada F, et al. Frequency-tuned salient region detection [C]//Computer Vision and Pattern Recognition, 2009. CVPR 2009. IEEE Conference on. IEEE, 2009: 1597 - 1604.

[14] Achanta R, Susstrunk S. Saliency detection using maximum symmetric surround[C]// Image Processing (ICIP), 2010 17th IEEE International Conference on. IEEE, 2010: 2653 - 2656.

[15] Harel J, Koch C, Perona P. Graph-based visual saliency[C]//Advances in neural information processing systems. 2006: 545 - 552.

[16] Walther D, Itti L, Riesenhuber M, et al. Attentional selection for object recognition—a gentle way[C]//Biologically Motivated Computer Vision. Springer Berlin Heidelberg, 2002: 472 - 479.

[17] Frintrop S, Klodt M, Rome E. A real-time visual attention system using integral images[C]//Proceedings of the 5th international conference on computer vision systems. 2007.

[18] Wang Z, Li B. A two-stage approach to saliency detection in images[C]//Acoustics, Speech and Signal Processing, 2008. ICASSP 2008. IEEE International Conference on. IEEE, 2008: 965 - 968.

[19] Hou X, Zhang L. Saliency detection: A spectral residual approach[C]//Computer Vision and Pattern Recognition, 2007. CVPR'07. IEEE Conference on. IEEE, 2007: 1 - 8.

[20] Zhang L, Tong M H, Marks T K, et al. SUN: A Bayesian framework for saliency using natural statistics[J]. Journal of vision, 2008, 8(7): 32.

[21] Cheng M M, Zhang G X, Mitra N J, et al. Global contrast based salient region detection[C]//Computer Vision and Pattern Recognition (CVPR), 2011 IEEE Conference on. IEEE, 2011: 409 - 416.

[22] Zhai Y, Shah M. Visual attention detection in video sequences using spatiotemporal cues [C]//Proceedings of the 14th annual ACM international conference on Multimedia. ACM, 2006: 815 - 824.

[23] Liu T, Yuan Z, Sun J, et al. Learning to detect a salient object[J]. Pattern Analysis and Machine Intelligence, IEEE Transactions on, 2011, 33(2): 353 - 367.

[24] Hou X, Zhang L. Saliency detection: A spectral residual approach[C]//Computer

Vision and Pattern Recognition, 2007. CVPR'07. IEEE Conference on. IEEE, 2007: 1-8.

[25] Judd T, Ehinger K, Durand F, et al. Learning to predict where humans look[C]// Computer Vision, 2009 IEEE 12th international conference on. IEEE, 2009: 2106-2113.

[26] Chang K Y, Liu T L, Lai S H. From co-saliency to co-segmentation: An efficient and fully unsupervised energy minimization model[C]//Computer Vision and Pattern Recognition (CVPR), 2011 IEEE Conference on. IEEE, 2011: 2129-2136.

[27] Goferman S, Zelnik-Manor L, Tal A. Context-aware saliency detection[J]. Pattern Analysis and Machine Intelligence, IEEE Transactions on, 2012, 34(10): 1915-1926.

[28] Wang M, Konrad J, Ishwar P, et al. Image saliency: From intrinsic to extrinsic context[C]//Computer Vision and Pattern Recognition (CVPR), 2011 IEEE Conference on. IEEE, 2011: 417-424.

[29] Wu Z, Leahy R. Tissue classification in MR images using hierarchical segmentation [C]//Nuclear Science Symposium, 1990. Conference record: Including Sessions on Nuclear Power Systems and Medical Imaging Conference, 1990 IEEE. IEEE, 1990: 1410-1414.

[30] Boykov Y, Veksler O, Zabih R. Fast approximate energy minimization via graph cuts [J]. Pattern Analysis and Machine Intelligence, IEEE Transactions on, 2001, 23 (11): 1222-1239.

[31] Kruskal J B. On the shortest spanning subtree of a graph and the traveling salesman problem[J]. Proceedings of the American Mathematical society, 1956, 7(1): 48-50.

[32] Dijkstra E W. Some theorems on spanning subtrees of a graph[J]. Indag. math, 1960, 22(2): 196-199.

[33] Prim R C. Shortest connection networks and some generalizations[J]. Bell system technical journal, 1957, 36(6): 1389-1401.

[34] Zahn C T. Graph-theoretical methods for detecting and describing gestalt clusters[J]. Computers, IEEE Transactions on, 1971, 100(1): 68-86.

[35] Morris O J, Lee M J, Constantinides A G. Graph theory for image analysis: an approach based on the shortest spanning tree[J]. Communications, Radar and Signal Processing, IEE Proceedings F, 1986, 133(2): 146-152.

[36] Kwok S H, Constantinides A G. A fast recursive shortest spanning tree for image segmentation and edge detection[J]. IEEE Trans Image Process, 1997, 6(2): 328-332.

[37] Felzenszwalb P F, Huttenlocher D P. Efficient graph-based image segmentation[J]. International Journal of Computer Vision, 2004, 59(2): 167-181.

[38] Hoiem D, Efros A A, Hebert M. Automatic photo pop-up[C]//ACM Transactions on Graphics (TOG). ACM, 2005, 24(3): 577-584.

[39] Hoiem D, Efros A A, Hebert M. Geometric context from a single image[C]//Computer Vision, 2005. ICCV 2005. Tenth IEEE International Conference on. IEEE, 2005, 1: 654-661.

[40] Wu Z, Leahy R. An optimal graph theoretic approach to data clustering: Theory and its application to image segmentation[J]. Pattern Analysis and Machine Intelligence, IEEE Transactions on, 1993, 15(11): 1101-1113.

[41] Ford L R, Fulkerson D R. Flows in networks[M]. Princeton University Press: Princeton, 1962.

[42] Gomory R E, Hu T C. Multi-terminal network flows[J]. Journal of the Society for Industrial & Applied Mathematics, 1961, 9(4): 551-570.

[43] Shi J, Malik J. Normalized cuts and image segmentation[J]. Pattern Analysis and Machine Intelligence, IEEE Transactions on, 2000, 22(8): 888-905.

[44] Liitkepohl H. Handbook of matrices[Z]. 1996.

[45] Fiedler M. A property of eigenvectors of nonnegative symmetric matrices and its application to graph theory[J]. Czechoslovak Mathematical Journal, 1975, 25(4): 619-633.

[46] Sarkar S, Soundararajan P. Supervised learning of large perceptual organization: Graph spectral partitioning and learning automata[J]. Pattern Analysis and Machine Intelligence, IEEE Transactions on, 2000, 22(5): 504-525.

[47] Hagen L, Kahng A B. New spectral methods for ratio cut partitioning and clustering [J]. Computer-aided design of integrated circuits and systems, ieee transactions on, 1992, 11(9): 1074-1085.

[48] Ding C H Q, He X, Zha H, et al. A min-max cut algorithm for graph partitioning and data clustering[C]//Data Mining, 2001. ICDM 2001, Proceedings IEEE International Conference on. IEEE, 2001: 107-114.

[49] Besag J. Spatial interaction and the statistical analysis of lattice systems[J]. Journal of the Royal Statistical Society. Series B (Methodological), 1974: 192 - 236.

[50] Hammersley J M, Clifford P. Markov fields on finite graphs and lattices[J]. 1971.

[51] Geman S, Geman D. Stochastic relaxation, Gibbs distributions, and the Bayesian restoration of images[J]. Pattern Analysis and Machine Intelligence, IEEE Transactions on, 1984 (6): 721 - 741.

[52] Ganan S, McClure D. Bayesian image analysis: an application to single photon emission tomography[C]//American Statistical Association. 1985: 12 - 18.

[53] Geman S, Graffigne C. Markov random field image models and their applications to computer vision[C]//Proceedings of the International Congress of Mathematicians. AMS, Providence, RI, 1986, 1: 2.

[54] 邦詹森 J，古廷 G. 有向图的理论算法及其应用[M]姚兵，张忠辅，译. 北京：科学出版社，2009.

[55] Ford L R, Fulkerson D R. Flows in networks[M]. Princeton University Press: Princeton, 1962.

[56] Cherkassky B V, Goldberg A V. On implementing the push—relabel method for the maximum flow problem[J]. Algorithmica, 1997, 19(4): 390 - 410.

[57] Cormen T H, Leiserson C E, Rivest R L, et al. Introduction to algorithms[M]. Cambridge: MIT press, 2001.

[58] Boykov Y, Veksler O, Zabih R. Fast approximate energy minimization via graph cuts [J]. Pattern Analysis and Machine Intelligence, IEEE Transactions on, 2001, 23 (11): 1222 - 1239.

[59] Slabaugh G, Unal G. Graph cuts segmentation using an elliptical shape prior[C]// Image Processing, 2005. ICIP 2005. IEEE International Conference on. IEEE, 2005, 2: II - 1222 - 5.

[60] Veksler O. Star shape prior for graph-cut image segmentation[M]//Computer Vision - ECCV 2008. Springer Berlin Heidelberg, 2008: 454 - 467.

[61] Kolmogorov V, Zabin R. What energy functions can be minimized via graph cuts? [J]. Pattern Analysis and Machine Intelligence, IEEE Transactions on, 2004, 26(2): 147 - 159.

[62] Boykov Y, Kolmogorov V, Cremers D, et al. An integral solution to surface evolution PDEs via geo-cuts[M]. Springer Berlin Heidelberg, 2006.

[63] Freedman D, Zhang T. Interactive graph cut based segmentation with shape priors [C]// Computer Vision and Pattern Recognition, 2005. CVPR 2005. IEEE Computer Society Conference on. IEEE, 2005, 1: 755 - 762.

[64] Cremers D. Dynamical statistical shape priors for level set-based tracking[J]. Pattern Analysis and Machine Intelligence, IEEE Transactions on, 2006, 28(8): 1262 - 1273.

[65] Das P, Veksler O, Zavadsky V, et al. Semiautomatic segmentation with compact shape prior[J]. Image and Vision Computing, 2009, 27(1): 206 - 219.

[66] Boykov Y Y, Jolly M P. Interactive graph cuts for optimal boundary & region segmentation of objects in ND images[C]//Computer Vision, 2001. ICCV 2001. Proceedings. Eighth IEEE International Conference on. IEEE, 2001, 1: 105 - 112.

[67] Gulshan V, Rother C, Criminisi A, et al. Geodesic star convexity for interactive image segmentation[C]//Computer Vision and Pattern Recognition (CVPR), 2010 IEEE Conference on. IEEE, 2010: 3129 - 3136.

[68] Peng B, Veksler O. Parameter Selection for Graph Cut Based Image Segmentation [C]//BMVC. 2008: 1 - 10.

[69] Rother C, Kolmogorov V, Blake A. Grabcut: Interactive foreground extraction using iterated graph cuts[C]//ACM Transactions on Graphics (TOG). ACM, 2004, 23 (3): 309 - 314.

[70] Li Y, Sun J, Tang C K, et al. Lazy snapping[C]//ACM Transactions on Graphics (ToG). ACM, 2004, 23(3): 303 - 308.

[71] Lempitsky V, Kohli P, Rother C, et al. Image segmentation with a bounding box prior [C]//Computer Vision, 2009 IEEE 12th International Conference on. IEEE, 2009: 277 - 284.

[72] Liu J, Sun J, Shum H Y. Paint selection[C]//ACM Transactions on Graphics (ToG). ACM, 2009, 28(3): 69.

[73] Dijkstra E W. A note on two problems in connexion with graphs[J]. Numerische mathematik, 1959, 1(1): 269 - 271.

[74] Dijkstra E W. Some theorems on spanning subtrees of a graph[J]. Indag. math, 1960, 22(2): 196 - 199.

[75] Falcão A X, Udupa J K, Samarasekera S, et al. User-steered image segmentation paradigms: Live wire and live lane[J]. Graphical models and image processing, 1998, 60(4): 233 - 260.

[76] Falcao A X, Udupa J K, Samarasekera S, et al. User-steered image boundary segmentation [C]//Medical Imaging 1996. International Society for Optics and Photonics, 1996: 278 - 288.

[77] Mortensen E N, Barrett W A. Intelligent scissors for image composition [C]// Proceedings of the 22nd annual conference on Computer graphics and interactive techniques. ACM, 1995: 191 - 198.

[78] Bai X, Sapiro G. A geodesic framework for fast interactive image and video segmentation and matting [C]//Computer Vision, 2007. ICCV 2007. IEEE 11th International Conference on. IEEE, 2007: 1 - 8.

[79] Hamarneh G, Yang J, McIntosh C, et al. 3D live-wire-based semi-automatic segmentation of medical images[C]//Medical Imaging. International Society for Optics and Photonics, 2005: 1597 - 1603.

[80] Grady L. Minimal surfaces extend shortest path segmentation methods to 3D[J]. Pattern Analysis and Machine Intelligence, IEEE Transactions on, 2010, 32(2): 321 - 334.

[81] Grady L. Random walks for image segmentation[J]. IEEE Transactions on Pattern Analysis andMachine Intelligence, 2006, 28(11): 1768 - 1783.

[82] Doyle P G, Snell J L. Random walks and electric networks[J]. AMC, 1984, 10: 12.

[83] S. Kakutani. Markov processes and the Dirichlet problem[J]. Proceedings of the Japan Academy, 1945 (21): 227 - 233.

[84] Pal N R, Pal S K. A review on image segmentation techniques[J]. Pattern recognition, 1993, 26(9): 1277 - 1294.

[85] Chien B C, Cheng M C. A color image segmentation approach based on fuzzy similarity measure[C]//Fuzzy Systems, 2002. FUZZ-IEEE'02. Proceedings of the 2002 IEEE International Conference on. IEEE, 2002, 1: 449 - 454.

[86] Pavan M, Pelillo M. A new graph-theoretic approach to clustering and segmentation [C]//Computer Vision and Pattern Recognition, 2003. Proceedings. 2003 IEEE Computer Society Conference on. IEEE, 2003, 1: I - 145 - I - 152 vol. 1.

[87] Pavan M, Pelillo M. Efficiently segmenting images with dominant sets [M]//Image Analysis and Recognition. Springer Berlin Heidelberg, 2004: 17 - 24.

[88] Dietterich T G, Lathrop R H, Lozano-Pérez T. Solving the multiple instance problem with axis-parallel rectangles[J]. Artificial intelligence, 1997, 89(1): 31 - 71.

[89] Maron O, Lozano-Pérez T. A framework for multiple-instance learning[J]. Advances in neural information processing systems, 1998: 570 - 576.

[90] Zhang Q, Goldman S A. EM-DD: An improved multiple-instance learning technique [C]//Advances in neural information processing systems. 2001: 1073 - 1080.

[91] Wang J, Zucker J D. Zucker. Solving the multiple-instance problem: a lazy learning approach [C]//In Proceedings of the 17th International Conference on Machine Learning, San Francisco, CA, 2000, 1119 - 1125.

[92] Chevaleyre Y, Zucker J D. Solving multiple-instance and multiple-part learning problems with decision trees and rule sets. Application to the mutagenesis problem [M]//Advances in Artificial Intelligence. Springer Berlin Heidelberg, 2001: 204 - 214.

[93] Zhou Z H, Zhang M L. Neural networks for multi-instance learning[C]//Proceedings of the International Conference on Intelligent Information Technology, Beijing, China. 2002: 455 - 459.

[94] Andrews S, Tsochantaridis I, Hofmann T. Support vector machines for multiple-instance learning[C]//Advances in neural information processing systems. 2002: 561 - 568.

[95] Gehler P V, Chapelle O. Deterministic annealing for multiple-instance learning[C]// International conference on artificial intelligence and statistics. 2007: 123 - 130.

[96] Mangasarian O L, Wild E W. Multiple instance classification via successive linear programming[J]. Journal of Optimization Theory and Applications, 2008, 137(3): 555 - 568.

[97] Zhou Z H, Zhang M L. Solving multi-instance problems with classifier ensemble based on constructive clustering[J]. Knowledge and Information Systems, 2007, 11(2): 155 - 170.

[98] Zhang M L, Zhou Z H. Adapting RBF neural networks to multi-instance learning[J]. Neural Process Letter 2006, 23(1): 1 - 26.

[99] Chen Y, Wang J Z. Image Categorization by Learning and Reasoning with Regions[J]. Journal of Machine Learning Research 2004, 5: 913 - 939.

[100] Chen Y, Bi J, Wang J. Z.. MILES: Multiple-instance learning via embedded instance selection[J]. IEEE Transactions on Pattern Analysis and Machine Intelligence 2006, 28(12): 1931 - 1947.

[101] Meur O L, Callet P L, and Barda D, et al. A Coherent Computation Approach to Model Bottom-up Visual Attention[J]. IEEE Trans. Patten Anal. Mach. Intell, 2006, 28(5): 802 - 817.

[102] Zhao Q and Koch C. Learning a Saliency Map Using Fixated Locations in Natural Scenes[J]. J. Vis, 2011, 11(3): 1 - 15.

[103] Andrea P, Michela T, et al. BOLD response to spatial phase congruency in human brain[J]. Vision of Journal, 2008, 8(10): 1 - 15.

[104] Rybak I A, Gusakova V I, Golovan A V, et al, A model of attention-guided visual perception and recognition[J]. Vision Research, 1998, 38: 2387 - 2400.

[105] Nixon M. Feature extraction & image processing[M]. Academic Press, 2008.

[106] Harris C, Stephens M. A combined corner and edge detector[C]//Alvey vision conference. 1988, 15: 50.

[107] Shi J, Tomasi C. Good features to track [C]//Computer Vision and Pattern Recognition, 1994. Proceedings CVPR'94, 1994 IEEE Computer Society Conference on. IEEE, 1994: 593 - 600.

[108] Lowe D G. Distinctive image features from scale-invariant keypoints[J]. International journal of computer vision, 2004, 60(2): 91 - 110.

[109] Bay H, Tuytelaars T, Van Gool L. Surf: Speeded up robust features[M]//Computer Vision - ECCV 2006. Springer Berlin Heidelberg, 2006: 404 - 417.

[110] Dalal N, Triggs B. Histograms of oriented gradients for human detection[C]// Computer Vision and Pattern Recognition, 2005. CVPR 2005. IEEE Computer Society Conference on. IEEE, 2005, 1: 886 - 893.

[111] Leung T, Malik J. Representing and recognizing the visual appearance of materials using three-dimensional textons[J]. International Journal of Computer Vision, 2001, 43(1): 29 - 44.

[112] Seki M, Wada T, Fujiwara H, et al. Background subtraction based on cooccurrence of image variations[C]//Computer Vision and Pattern Recognition, 2003. Proceedings. 2003 IEEE Computer Society Conference on. IEEE, 2003, 2: II - 65 - II - 72 vol. 2.

[113] Malik J, Belongie S, Leung T, et al. Contour and texture analysis for image segmentation[J]. International journal of computer vision, 2001, 43(1): 7 - 27.

[114] Varma M, Zisserman A. Classifying images of materials: Achieving viewpoint and illumination independence [M]//Computer Vision—ECCV 2002. Springer Berlin

Heidelberg，2002：255－271.

[115] Swain M J，Ballard D H. Color indexing[J]. International journal of computer vision，1991，7(1)：11－32.

[116] Pass G，Zabih R，Miller J. Comparing images using color coherence vectors[C]// Proceedings of the fourth ACM international conference on Multimedia. ACM，1997：65－73.

[117] Stricker M，Orengo M. Similarity of color images[J]. Proc. SPIE Storage and Retrieval for Image and Videl Databases，1995，2420：381－192.

[118] Pass G，Zabih R，Miller J. Comparing images using color coherence vectors[C]// Proceedings of the fourth ACM international conference on Multimedia. ACM，1997：65－73.

[119] Swain M J，Ballard D H. Color indexing[J]. International journal of computer vision，1991，7(1)：11－32.

[120] Hirsch R. Exploring color photography[M]. Brown & Benchmark，1997.

[121] Singh S. RGB Color Histogram Feature based Classification：An Application of Rough Researching. Proceedings of IHCI 09，2009. 102－112.

[122] Smith A R. Color gamut transform pairs[C]//ACM Siggraph Computer Graphics. ACM，1978，12(3)：12－19.

[123] Vailaya A，Figueiredo M A T，Jain A K，et al. Image classification for content-based indexing[J]. Image Processing，IEEE Transactions on，2001，10(1)：117－130.

[124] 徐少平，张华，江顺亮，叶发茂，熊宇虹. 基于直觉模糊集的图像相似性度量[J]. 模式识别与人工智能，2009，01：156－161.

[125] Haralick R M，Shanmugam K，Dinstein I H. Textural features for image classification [J]. Systems，Man and Cybernetics，IEEE Transactions on，1973 (6)：610－621.

[126] Julesz B. Textons，the elements of texture perception，and their interactions[J]. Nature，1981，290(5802)：91－97.

[127] S. C. Zhu，C. E. Guo，Y. N. Wu，et al. What are textons[R]. In Proceedings of European Conference Computer Vision. Copenhagen，Denmark，2002：793－807.

[128] 刘丽，匡纲要. 图像文理特征提取方法综述[J]. 中国图像图形学报，2009，4：622－635.

[129] Sklansky J. Image segmentation and feature extraction[J]. Systems，Man and Cybernetics，IEEE Transactions on，1978，8(4)：237－247.

[130] Haralick RM, Shanmugam K Its hak Dinstein. Texeure Features for Image Classification[J]. IEEEE Transaction On Systems, man, and Cybernetics, 1973. SMC-3(6): 610-621.

[131] 洪继光. 灰度-梯度共生矩阵纹理分析方法[J]. 自动化学报, 1984, 10(1): 22-25.

[132] John A. Richards, Xiupping Jia. 感数字图像分析[M]. 4 版. 北京: 电子工业出版社, 2009.

[133] 孙栋. 基于纹理分析的目标图像识别技术研究[D]. 南京: 南京理工大学. 2005: 44-46.

[134] Carlucci L. A formal system for texture languages[J]. Pattern Recognition, 1972, 4(1): 53-72.

[135] Li S Z. Markov random field modeling in computer vision[M]. Springer-Verlag New York, Inc, 1995.

[136] Keller J M, Chen S, Crownover R M. Texture description and segmentation through fractal geometry[J]. Computer Vision, Graphics, and Image Processing, 1989, 45(2): 150-166.

[137] Watson L T, Laffey T J, Haralick R M. Topographic classification of digital image intensity surfaces using generalized splines and the discrete cosine transformation[J]. Computer Vision, Graphics, and Image Processing, 1985, 29(2): 143-167.

[138] Zhang D, Lu G. A comparative study of Fourier descriptors for shape representation and retrieval[C]//Proc. of 5th Asian Conference on Computer Vision (ACCV). Springer, 2002: 652-657.

[139] Meyer Y. Wavelets-algorithms and applications [J]. Wavelets-Algorithms and applications Society for Industrial and Applied Mathematics Translation., 142p., 1993, 1.

[140] Jain A K, Farrokhnia F. Unsupervised texture segmentation using Gabor filters[C]// Systems, Man and Cybernetics, 1990. Conference Proceedings. IEEE International Conference on. IEEE, 1990: 14-19.

[141] Chang E, Goh K, Sychay G, et al. CBSA: content-based soft annotation for multimodal image retrieval using Bayes point machines[J]. Circuits and Systems for Video Technology, IEEE Transactions on, 2003, 13(1): 26-38.

[142] 孙君顶, 毋小省. 纹理谱描述符及其在图像检索中的应用[J]. 计算机辅助设计与

图形学学报，2010，22(3)：513-520.

[143] Belongie S, Malik J, Puzicha J. Shape matching and object recognition using shape contexts[J]. Pattern Analysis and Machine Intelligence, IEEE Transactions on, 2002, 24(4): 509-522.

[144] Bosch A, Zisserman A, Muoz X. Scene classification using a hybrid generative/discriminative approach [J]. Pattern Analysis and Machine Intelligence, IEEE Transactions on, 2008, 30(4): 712-727.

[145] Van De Weijer J, Gevers T, Bagdanov A D. Boosting color saliency in image feature detection[J]. Pattern Analysis and Machine Intelligence, IEEE Transactions on, 2006, 28(1): 150-156.

[146] Lowe D G. Distinctive image features from scale-invariant keypoints[J]. International journal of computer vision, 2004, 60(2): 91-110.

[147] Harris C, Stephens M. A combined corner and edge detector[C]//Alvey vision conference. 1988, 15: 50.

[148] Mutch J, Lowe D G. Object class recognition and localization using sparse features with limited receptive fields[J]. International Journal of Computer Vision, 2008, 80(1): 45-57.

[149] Pan X, Lyu S. Detecting image region duplication using SIFT features[C]//Acoustics Speech and Signal Processing (ICASSP), 2010 IEEE International Conference on. IEEE, 2010: 1706-1709.

[150] VanDe Sande K E A, Gevers T, Snoek C G M. Evaluating color descriptors for object and scene recognition [J]. Pattern Analysis and Machine Intelligence, IEEE Transactions on, 2010, 32(9): 1582-1596.

[151] Burghouts G J, Geusebroek J M. Performance evaluation of local colour invariants[J]. Computer Vision and Image Understanding, 2009, 113(1): 48-62.

[152] Ke Y, Sukthankar R. PCA-SIFT: A more distinctive representation for local image descriptors[C]//Computer Vision and Pattern Recognition, 2004. CVPR 2004. Proceedings of the 2004 IEEE Computer Society Conference on. IEEE, 2004, 2: II-506-II-513 Vol. 2.

[153] Bay H, Ess A, Tuytelaars T, et al. Speeded-up robust features (SURF)[J]. Computer vision and image understanding, 2008, 110(3): 346-359.

[154] Cordeiro de Amorim R, Mirkin B. Minkowski metric, feature weighting and

anomalous cluster initializing in K-Means clustering[J]. Pattern Recognition, 2012, 45(3): 1061-1075.

[155] Jing L, Ng M K, Huang J Z. An entropy weighting k-means algorithm for subspace clustering of high-dimensional sparse data[J]. Knowledge and Data Engineering, IEEE Transactions on, 2007, 19(8): 1026-1041.

[156] Avila S, Thome N, Cord M, et al. Bossa: Extended bow formalism for image classification[C]//Image Processing (ICIP), 2011 18th IEEE International Conference on. IEEE, 2011: 2909-2912.

[157] Roberts L G. MACHINE PERCEPTION OF THREE-DIMENSIONAL soups[D]. Massachusetts Institute of Technology, 1963.

[158] Sobel I. Camera models and machine perception[R]. STANFORD UNIV CALIF DEPT OF COMPUTER SCIENCE, 1970.

[159] Prewitt J M S. Object enhancement and extraction[J]. Picture processing and Psychopictorics, 1970, 10(1): 15-19.

[160] Marr D, Hildreth E. Theory of edge detection[J]. Proceedings of the Royal Society of London. Series B. Biological Sciences, 1980, 207(1167): 187-217.

[161] Perona P, Malik J. Detecting and localizing edges composed of steps, peaks and roofs [C]//Computer Vision, 1990. Proceedings, Third International Conference on. IEEE, 1990: 52-57.

[162] Morrone M C, Owens R A. Feature detection from local energy[J]. Pattern Recognition Letters, 1987, 6(5): 303-313.

[163] Freeman W T, Adelson E H. The design and use of steerable filters[J]. IEEE Transactions on Pattern analysis and machine intelligence, 1991, 13(9): 891-906.

[164] Lindeberg T. Edge detection and ridge detection with automatic scale selection[J]. International Journal of Computer Vision, 1998, 30(2): 117-156.

[165] Martin D R, Fowlkes C C, Malik J. Learning to detect natural image boundaries using local brightness, color, and texture cues[J]. Pattern Analysis and Machine Intelligence, IEEE Transactions on, 2004, 26(5): 530-549.

[166] Dollar P, Tu Z, Belongie S. Supervised learning of edges and object boundaries[C]// Computer Vision and Pattern Recognition, 2006 IEEE Computer Society Conference on. IEEE, 2006, 2: 1964-1971.

[167] Mairal J, Leordeanu M, Bach F, et al. Discriminative sparse image models for class-

specific edge detection and image interpretation[M]//Computer Vision - ECCV 2008. Springer Berlin Heidelberg, 2008: 43-56.

[168] Ren X. Multi-scale improves boundary detection in natural images[M]//Computer Vision - ECCV 2008. Springer Berlin Heidelberg, 2008: 533-545.

[169] Santini S, Jain R. Similarity measures[J]. Pattern analysis and machine intelligence, IEEE transactions on, 1999, 21(9): 871-883.

[170] Choi S S, Cha S H, Tappert C C. A survey of binary similarity and distance measures [J]. Journal of Systemics, Cybernetics and Informatics, 2010, 8(1): 43-48.

[171] Shepard R N. The analysis of proximities: Multidimensional scaling with an unknown distance function. I[J]. Psychometrika, 1962, 27(2): 125-140.

[172] Shepard R N. The analysis of proximities: Multidimensional scaling with an unknown distance function. II[J]. Psychometrika, 1962, 27(3): 219-246.

[173] Rogers P. Encyclopedia of distance learning[M]. IGI Global, 2005.

[174] A. Tversky. Features of similarity[J]. Psychological Review, 1977, 84(2): 327-352.

[175] Kutner M H. Applied linear statistical models[M]. Chicago: Irwin, 1996.

[176] Montgomery D C, Peck E A, Vining G G. Introduction to linear regression analysis [M]. John Wiley & Sons, 2012.

[177] Aldrich J. RA Fisher and the making of maximum likelihood 1912 - 1922[J]. Statistical Science, 1997, 12(3): 162-176.

[178] Boser B E, Guyon I M, Vapnik V N. A training algorithm for optimal margin classifiers [C]//Proceedings of the fifth annual workshop on Computational learning theory. ACM, 1992: 144-152.

[179] Cortes C, Vapnik V. Support-vector networks[J]. Machine learning, 1995, 20(3): 273-297.

[180] RahmanM M, Antani S K, Thoma G R. A learning-based similarity fusion and filtering approach for biomedical image retrieval using SVM classification and relevance feedback[J]. Information Technology in Biomedicine, IEEE Transactions on, 2011, 15(4): 640-646.

[181] BaiY Q, Niu B L, Chen Y. New SDP models for protein homology detection with semi-supervised SVM[J]. Optimization, 2013, 62(4): 561-572.

[182] 刘丽，匡纲要．图像纹理特征提取方法综述[J]．中国图象图形学报，2009，14

(4): 622 - 635.

[183] Kinnunen T, Li H. An overview of text-independent speaker recognition: from features to supervectors[J]. Speech communication, 2010, 52(1): 12 - 40.

[184] 马儒宁, 王秀丽, 丁军娣. 多层核心集凝聚算法[J]. 软件学报, 2013, 3: 005.

[185] Zelnik-Manor L, Perona P. Self-tuning spectral clustering[C]//Advances in neural information processing systems. 2004: 1601 - 1608.

[186] Chang H, Yeung D Y. Robust path-based spectral clustering with application to image segmentation[C]//Computer Vision, 2005. ICCV 2005. Tenth IEEE International Conference on. IEEE, 2005, 1: 278 - 285.

[187] 肖宇, 于剑. 加权的自适应相似度度量[J]. 计算机研究与发展, 2013, 09: 1876 - 1882.

[188] 李伟生, 张勤. 基于局部线性嵌入和 Haar 小波的人脸识别方法[J]. 计算机工程与应用, 2011, 04: 181 - 184+187.

[189] Judd T, Ehinger K, Durand F, et al. Learning to predict where humans look[C]//Computer Vision, 2009 IEEE 12th international conference on. IEEE, 2009: 2106 - 2113.

[190] Hou X, Zhang L. Saliency detection: A spectral residual approach[C]//Computer Vision and Pattern Recognition, 2007. CVPR' 07. IEEE Conference on. IEEE, 2007: 1 - 8.

[191] Liu T, Yuan Z, Sun J, et al. Learning to detect a salient object[J]. Pattern Analysis and Machine Intelligence, IEEE Transactions on, 2011, 33(2): 353 - 367.

[192] AchantaR, Hemami S, Estrada F, et al. Frequency-tuned salient region detection [C]//Computer Vision and Pattern Recognition, 2009. CVPR 2009. IEEE Conference on. IEEE, 2009: 1597 - 1604.

[193] Achanta R, Estrada F, Wils P, et al. Salient region detection and segmentation[M]//Computer Vision Systems. Springer Berlin Heidelberg, 2008: 66 - 75.

[194] Goferman S, Zelnik-Manor L, Tal A. Context-aware saliency detection[J]. Pattern Analysis and Machine Intelligence, IEEE Transactions on, 2012, 34(10): 1915 - 1926.

[195] Achanta R, Hemami S, Estrada F, et al. Frequency-tuned salient region detection [C]// Computer Vision and Pattern Recognition, 2009. CVPR 2009. IEEE Conference on. IEEE, 2009: 1597 - 1604.

[196] HarelJ, Koch C, Perona P. Graph-based visual saliency[C]//Advances in neural information processing systems. 2006: 545 - 552.

[197] Cheng M M, Zhang G X, Mitra N J, et al. Global contrast based salient region detection[C]//Computer Vision and Pattern Recognition (CVPR), 2011 IEEE Conference on. IEEE, 2011: 409 - 416.

[198] Zhai Y, Shah M. Visual attention detection in video sequences using spatiotemporal cues[C]//Proceedings of the 14th annual ACM international conference on Multimedia. ACM, 2006: 815 - 824.

[199] Achanta R, Susstrunk S. Saliency detection using maximum symmetric surround [C]//Image Processing (ICIP), 2010 17th IEEE International Conference on. IEEE, 2010: 2653 - 2656.

[200] Sharon E, Galun M, Sharon D, et al. Hierarchy and adaptivity in segmenting visual scenes[J]. Nature, 2006, 442(7104): 810 - 813.

[201] Unnikrishnan R, Hebert M. Measures of similarity[C]//Application of Computer Vision, 2005. WACV/MOTIONS' 05 Volume 1. Seventh IEEE Workshops on. IEEE, 2005, 1: 394 - 394.

[202] Meilă M. Comparing clusterings: an axiomatic view[C]//Proceedings of the 22nd international conference on Machine learning. ACM, 2005: 577 - 584.

[203] Martin D R, Malik J, Patterson D. An Empirical Approach to Grouping and Segmentaqtion[M]. Computer Science Division, University of California, 2003.

[204] FreixenetJ, Muñoz X, Raba D, et al. Yet another survey on image segmentation: Region and boundary information integration[M]//Computer Vision—ECCV 2002. Springer Berlin Heidelberg, 2002: 408 - 422.

[205] Arbelaez P, Fowlkes C, Martin D. The berkeley segmentation dataset and benchmark [EB/OL] http: //www. eecs. berkeley. edu/Research/Projects/CS/vision/bsds, 2007.

[206] Cour T, Benezit F, Shi J. Spectral segmentation with multiscale graph decomposition [C]//Computer Vision and Pattern Recognition, 2006. CVPR 2005. IEEE Computer Society Conference on. IEEE, 2006, 2: 1124 - 1131.

[207] Li J, Yau W Y, Wang H. Fingerprint indexing based on symmetrical measurement [C]// Pattern Recognition, 2006. ICPR 2006. 18th International Conference on. IEEE, 2006, 1: 1038 - 1041.

致　谢

时光荏苒，四年多的博士学习即将结束。回首往昔，四年多的学习生活给我带来了太多的感悟、感动乃至成长，除了感激还是感激，感谢母校和所有关心、支持、帮助过我的师长、亲友，并在此呈上我最诚挚的感谢与最美好的祝愿。

首先，向我尊敬的导师赵祥模教授致以诚挚的感谢和崇高的敬意，衷心感谢赵老师对我的学习和工作上的悉心指导。赵老师严谨的治学态度、渊博的专业知识、务实忘我的工作作风、诲人不倦的精神以及崇高的人格魅力使人受益终生，并将始终激励指引我在以后的工作和学习中不断进取。在此谨向敬爱的赵老师表示衷心的感谢。

然后，感谢长安大学信息工程学院王卫星教授为我提供论文素材及对我的指导，感谢研究所的安毅生教授、惠飞副教授、徐志刚副教授等在博士学习期间及论文完成过程中的热心指导和帮助，特别感谢王琦副教授在我博士论文研究中遇到具体问题时耐心的解答与无私的帮助，感谢同门郝茹茹博士、杨澜博士、王润民、周经美、戚秀珍、史昕博士、张立成、闵海根等兄弟姐妹在平时的科研、工作和生活中给予我许多关心和帮助。在攻读博士期间，我在学习和心智上都成长了许多，经历了很多的挫折与艰辛，但我倍加珍惜这个过程中自我的蜕变。送给各位在读的师弟师妹们一句话：且读且珍惜！谢谢大家！

同时，还要感谢我的父母和爱人给我的一贯支持、宽容和爱护，特别感谢我的公公婆婆在我最需要帮助的时候尽全力支持我，帮我照顾尚在襁褓中的婴儿，使我能够专注于博士论文的研究；最后，感谢我的女儿给我带来生活和求知的乐趣，是你们让我每天充满希望，继续奋发向上！